湛庐 CHEERS

与最聪明的人共同进化

HERE COMES EVERYBODY

# 突破天性

## 哈佛大学最受欢迎的人格心理学课

[加]布赖恩·利特尔 著
Brian R. Little
黄珏苹 译

谨以本书献给我挚爱的妻子苏珊

ME MYSELF AND US
THE SCIENCE
OF PERSONALITY
AND THE ART
OF WELL-BEING

BRIAN R. LITTLE

**布赖恩·利特尔**

颠覆传统人格理论的思想先锋

哈佛大学最受欢迎教授

ME MYSELF AND US

**“真正能定义一个人的，不是某种人格类型，而是他生命中最看重的那些事物。”**

——布赖恩·利特尔

## 在哈佛，没有学生不喜欢他的课

如果说有哪些课曾在哈佛引起过全校追捧，那布赖恩·利特尔的人格心理学课无疑是其中之一。

布赖恩·利特尔是国际知名的人格心理学大师，在任教于哈佛大学期间，他开设的人格心理学课受到了无数学生的喜爱。在第一堂课上，他通常会让每个学生都给自己起一个假名，在一张A4纸的正反面写上以第三人称视角对自己的描述。然后，将这些素描分发给每个学生。

类似于“人格素描”这样的互动、游戏贯穿课程始终，再加上他喜剧演员般的幽默感，学生在他的课上往往热情高涨。于是，这门课成了哈佛大学的爆款，布赖恩·利特尔也连续三年被评为“最受欢迎教授”。学生们这样评价他：“我已经不能用满分来评价利特尔教授了，他完全是超满分！我从没见过任何一个教授能像他这么轻松幽默地讲课！”“利特尔教授的课彻底改变了我的生活，给了我极大的鼓励。”

2016年，布赖恩·利特尔在TED进行了关于“性格的迷思”的演讲，因为内容丰富、生动有趣，在极短的时间内便收获了500万点击量，并被誉为“2016年最值得一看的TED心理学演讲”。

ME MYSELF AND US

## 一个伪装外向者的内向者

在所有听过布赖恩·利特尔讲课和演讲的人眼中，他都是一个活跃外向、充满激情的人，他非常善于带动大家的情绪，也经常与听众互动。甚至，他还获得过堪称大学教学中的诺贝尔奖的3M教学奖。但实际上，他是一个非常内向的人。

布赖恩·利特尔之所以表现得外向，只是为了更好地完成自己教学和演讲的任务，是有选择地表达了某些特质。而从生物源天性来说，他害怕与不熟悉的人寒暄交流，喜欢一个人静静地独处。所以，在演讲之前或者休息时间，布赖恩·利特尔最喜欢做的事情就是悄悄躲到厕所最里面的隔间，不与任何人交流——还要把脚翘起来，因为曾经有人认出了他的鞋子，并一直在厕所与他聊天，而这导致他极度紧张不安，几乎整场演讲都被搞砸了。

2012年，布赖恩·利特尔作为封面人物登上《时代周刊》，被这样介绍："布赖恩·利特尔是心理学领域的大师，也是一位超级明星讲师，他在哈佛大学开设的人格心理学课一直是该校最受欢迎的课程之一。但实际上，他是一个非常严肃而内向的人。"

## 颠覆传统人格理论
## 探索人格对幸福和成功的影响

在过去的几十年里，经过不同领域专家的研究，颠覆了以往对人格“类型”的简单分类，开始重新探索我们究竟是谁。而布赖恩·利特尔一直处于这一学科的最前沿，并开展了许多具有开创性的研究，提出了振聋发聩的理论。

布赖恩·利特尔认为人格具有很强的可塑性，可以在不同的环境、状态、场景中表现出不同的特质，而且与健康、行为方式、幸福和成功等具有密切的关系。现在，他的研究主要集中在四个领域，分别是个人计划分析；人类发展的社会生态问题，即人格、环境和个人计划之间的关系；个体对人和事物的取向差异；人格、个人计划与幸福之间的关系。

布赖恩·利特尔教授常常开展关于人格、动机与幸福的演讲，并为大量国际知名企业和专业人士讲解人格与工作之间关系的话题，目的在于使听众能够有效地利用自己的人格特质和个性差异，更好地迎接成功与幸福。

目录 ME MYSELF AND US

# 掌控人格的力量

《突破天性》所探讨的虽然是源于人类意识起源的问题，但探讨的方式却像早餐时的闲聊一样轻松自然。这些问题非常个人化，关系到你和你的自我。例如，我真的很内向吗？为什么我能够激励员工，却根本无法与我的孩子交流？为什么我在工作中和在家里完全像是两个人？我真的能够掌控那些对我来说至关重要的事情吗？我似乎快乐得有点不同寻常，这是说明我有什么问题吗？我是不是真的像传言中的那样，是一个不受欢迎的人？

这些问题有些与你有关，有些与你生活中的其他人有关，尤其是那些对你来说很重要的人。例如，为什么我的前夫会做那样的事？我能相信公司里的新同事吗？为什么我的祖母比我妈妈快乐得多？女儿对网友比对家人更上心，我应该为此担忧吗？

要回答这些问题，我们需要援引人格心理学的最新成果，并探讨理解人格的几种重要方法。首先，我们会来看一看你的“个人建构”（personal constructs），也就是你用来理解自己和他人的认知视角。接下来，我们会探究你的性格、目标、承诺以及日常生活中的不同反应，并展示每一个因素如何塑造了你的人生道路，了解它们在反思自己的人生经历，以及探索未来的人生将何去何从等方面有何帮助。

## 颠覆传统的人格理论

20 世纪 30 年代，人格心理学作为一门学术专业诞生了，不过，它的起源可以追溯到公元前 4 世纪古希腊的哲学和医学理论。当时，最有影响力的理论是气质体液说，认为人体中的四种体液，包括血液、黏液、黄胆汁和黑胆汁，使人形成了四种气质类型，即多血质、黏液质、胆汁质和抑郁质。虽然人们现在已经不再相信这类观点，但几个世纪以来，这类理论一直是人格研究领域的主流学说。因此，如果你在中世纪讨论人格的问题，而你又被认为是一个粗蠢之人，那么，无论这种说法是否荒唐可笑，你的粗蠢都很可能会被归因于黄胆汁过剩。而且，按照当时的理论，人们会认为“粗蠢”就是你的本性，根本无法改变。

这与如今强调类型的人格理论异曲同工。强调类型的人格理论认为，通过人格测试，你可以知道自己的人格类型，例如是外向型人格还是 A 型人格。你一定会好奇这种看待自己的方法是否具有科学依据，本书将会详细探讨这些问题，而且答案很可能会让你大吃一惊。

对于强调人的行为源于无意识驱动力和冲动的人格理论，学过心理学的人一定不会感到陌生。20 世纪初，西格蒙德·弗洛伊德和卡尔·荣格的理论大放异彩，如今依然影响着临床心理学和文学领域，但人格心理学领域的研究者已经不再青睐它们了。如果你相信潜意识力量，主要是性欲望塑造了你的人格，那对你来说，本书的内容无疑是一种挑战。

尽管人意识不到的力量可能在驱使着人们做出各种行为，但这类影响并不是本书的重点，本书将要探讨的是你的目标、抱负和个人计划，即你认为能带给自己人生意义的冒险行为，如何积极主动地塑造着你的人生。以这种方式看待人格能促使你反思自己的人生、思考自己的未来。你会明白，对于生活而言，你并非被动的人质，也并非完全在不可控力的操纵下前行。

当然，你也可能是通过人本主义心理学来看待人格的。20 世纪中期是人本主义心理学最繁荣的时期，代表人物有卡尔·罗杰斯（Carl Rogers）和亚伯拉罕·马斯洛（Abraham Maslow）等。与强调潜意识力量决定人格的理论相比，人本主义心理学强调人类行为中更具能动性、以成长为导向的方面。人本主义心理学家深信人类有能力创造自己的未来，这种能力包括个体能力和集体能力，他们满腔热枕地支持着这种人类潜能观。然而，严谨的科学无法证明他们的这些豪言壮语。确实，科学的客观性本身似乎便是我们真正理解人类本性的一个障碍，而在运用新时代的方法来理解我们自己时，这种障碍性显得尤为突出。

如今，认为人们有能力过有意义的生活的是积极心理学，它研究能够促进个人、社群、组织和国家繁荣发展的因素。[1] 积极心理学明确指出，它在理解人类幸福方面运用了严谨的科学方法，将自己与人本主义心理学中一些没有足够的依据却过度宣扬人的能动性的理论划清了界线。

尽管《突破天性》并不是一本积极心理学方面的书，但它与积极心理学有一些共同之处，它们都关注幸福、快乐和生活的意义，尤其是人格如何影响着美好生活中的这三个方面。将人格科学的启示应用于个人生活绝不是简单地按部就班地操作或公式化地计算，它涉及幸福的艺术，即思考人生独特的个人方式。

# 人格的意义在于被超越

有些读者可能知道，20 世纪 70 年代，沃尔特·米歇尔（Walter Mischel）[①]的一本书使人格心理学陷入了危机，这本书就是出版于 1968 年的《人格与评估》（*Personality and Assessment*）。这本书挑战了人格特质稳定不变的观点，认为没有足够的证据能证明人格特质是显著而稳定的，相反，人们的日常行为是以其所面对的情境以及解释情境的方式为基础而产生的。许多人把这一观点看作对整个人格心理学的控诉，它也影响了这之后的一批心理学学生，他们开始学习从其他角度而非人格的角度来理解行为的原因。

如今，情况发生了巨大的改变，人格心理学的行情看涨，并且已经扩展成了基础非常广泛的人格科学。人们研究各种各样的影响人格的因素，从神经元到叙述模式，并且借鉴了与之毫不相干的生物化学、经济学和文学传记等领域的研究。在这个得到扩展的领域中，人格特质研究也恢复了活力。

在本书中，我将探讨人格中稳定的特质如何深刻地影响着人的健康、幸福和成功，也会讲到这些人格特质具有的生物学基础，它们在某种程度上由遗传因素决定。但本书不会止步于此，因为人格远比其表现出的生物学倾向更复杂。在这里，我会介绍稳定的人格特质与我所说的自由的人格特质之间的区别。当与同事们一起唱歌或在其他场合时，一个内向的人或许会表现得非常外向；或者一个很难相处的人，突然在某一个周末变得非常讨人喜欢；或许你自己有时也会一反常态。那么，为什么人们会表现出这样的性格，这又会对人们产生什么影响呢?

除了复兴了人格心理学，当代人格心理学还在其他四个重要方面取得了进步。

① 美国著名人格心理学家，在人格结构、过程和发展以及自我控制等领域的研究十分著名。其著作《棉花糖实验》中文简体字版已由湛庐文化策划、北京联合出版公司出版。——编者注

第一，关于生物学因素对人格，即第一本性的影响的认识，在过去十几年中取得了重大进展。旧有的先天与后天的二分法逐渐被更复杂、更有趣的观点取代，那就是如何培养自己的人格特质。

第二，关于环境对人格的影响，我们的认识发生了改变。现在我们认为，社会背景、物质背景以及象征性的背景构成了人的第二本性。从 iPod 中的歌曲播放列表到所生活的城市的特质，这些因素都影响并塑造着人的人格。

第三，关于人格与人类动机之间的关系，我们的认识发生了巨大的改变。我曾杜撰出一个“第三本性”的说法来指称这个改变。第三本性源于个人承诺和在日常生活中所追求的核心计划。从这种新的视角看，基因和环境对我们都有影响，但我们并不是它们的人质，核心计划使我们能够超越这两个因素的影响。而正是因为这种独特的能力，我们才能清晰地洞察人格的微妙与复杂。

第四，与某些传统人格心理学强调病态不同，当代人格心理学还关注积极的特性，比如创造力、复原力和人类的繁荣发展。从这个方面来说，它与积极心理学存在重叠之处。

《突破天性》借鉴了人格研究中的这些进步，探究那些会影响人们看待自己和他人的方式的问题。我们对他人的第一印象通常是不可靠的吗？富有创造力的人通常不太容易适应新的环境吗？我们的人格特质是否像美国心理学之父威廉·詹姆斯（William James）说的那样，到 30 岁时便像石膏一样稳定不变了？相信我们能掌控自己的生活是否绝对有益？是否存在某种人格模式，能够将强壮健康的人与有患心脏病风险的人区分开？我们独特的人格是构成了统一的自我，还是自我的联盟？如果是后者，那么在婚姻和企业并购中体现的分别是哪一个小我？是否有些人天生就是快乐的？追求幸福和因追求而幸福，哪一个更能促进人类的繁荣与发展?

本书探讨了这些问题，并对人类的本质及幸福的种类提出了新的观点。此外，本书还提供了一个框架，通过这个框架，能够探究人格科学更深入、更个人的含义。这种探究或许能够解释人们日常行为中一些奇怪的方面，使你自己的自我和他人的自我看起来不那么令人困惑，并且变得更加有趣。

# 01

# 个人建构：认识他人时，你在想什么？

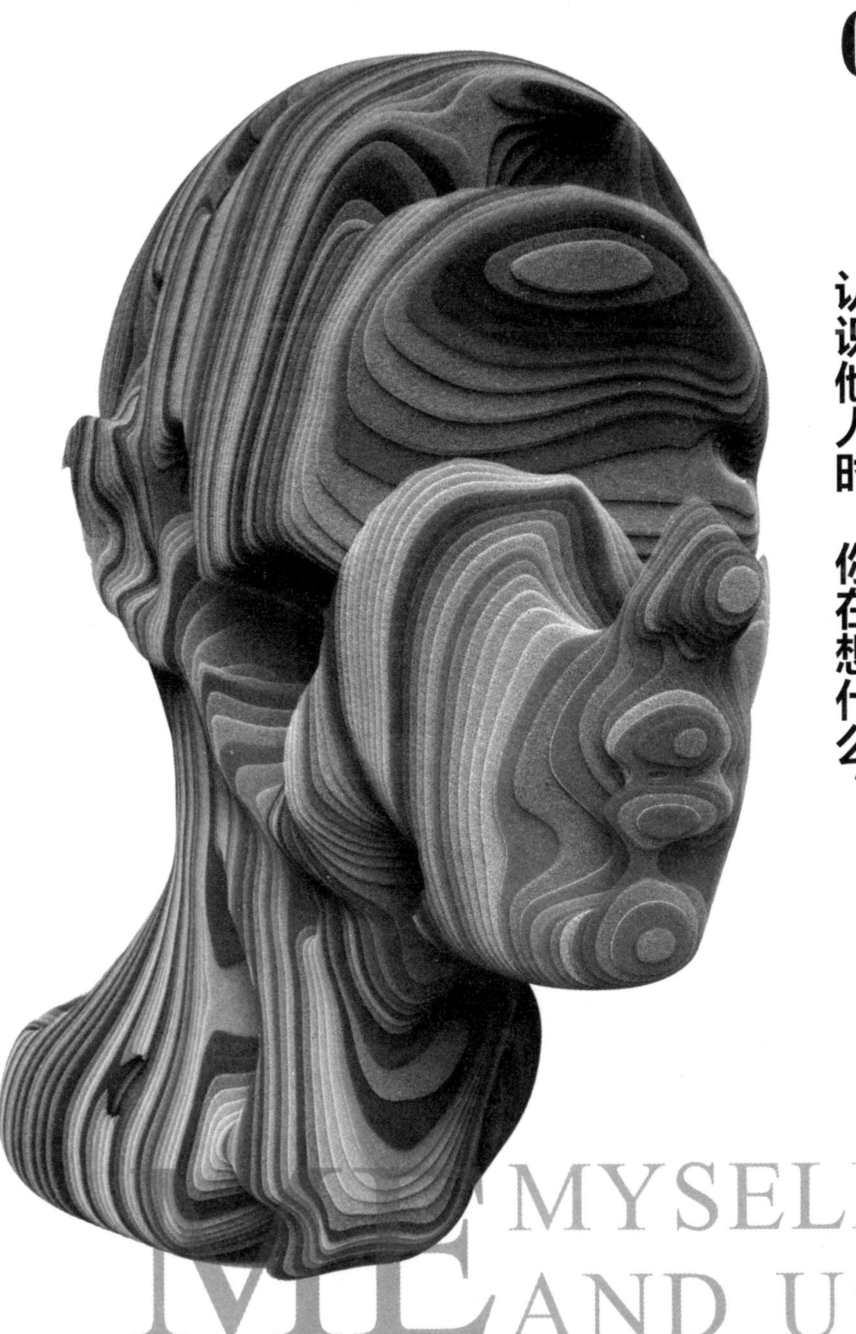

ME MYSELF AND US

**你认为以下哪种人能比较科学地评价餐厅里的一个陌生人？**

A. 通过“成功 / 不成功”及以此为核心的一系列建构来评价自己和他人的人；

B. 以“聪明 / 不聪明”为纯粹坚定的核心建构的人；

C. 对人感兴趣，并习惯于观察陌生人言行举止的人；

D. 习惯根据人的心理来了解他人，并乐于与陌生人攀谈的人；

E. 对客观事物感兴趣，并仔细观察陌生人衣着饰物的人。

扫码做题，获取答案及解析。

> 在某些方面，每个人都是相似的；同时，每个人也都会有某些方面与一些人相似，而与另外一些人不相似。
>
> ——克莱德·克拉克洪、亨利·默里：《自然、社会与文化中的人格》

> 当螃蟹听到我们毫不费力、毫无歉意地把它归为甲壳类动物时，它可能会非常气愤，然后否认道："我不是那种东西，我是我自己，我是独一无二的。"
>
> ——威廉·詹姆斯：《宗教经验种种》

> 当我说林德西教授左脚的鞋子是"内向者"时，每个人都会看着他的鞋子，就好像鞋子应该对这件事负责。但是，不要看着鞋子！看着我，为这件事负责的人应该是我！
>
> ——乔治·凯利：《建构人的替代物》

你认为你是谁？你的母亲、伴侣或餐馆中坐在你对面的陌生人又分别是谁？为什么你会用你的方式来看待自己和他人？或许你做过人格测试，知道了自己的人格类型，但你可能会觉得，你和你所关心的人的人格并不仅限于测试中的类型。或许你曾听说，情境比人格类型更能决定一个人的行为，并疑惑这种说法是不是真的；同时，各种测试给出的人格类型都太简单，给出的情境也太缺乏人情味，都不能满足你对人格的好奇心。你想要了解一些看待自己和他人的新方式。下面，我们就一起来看一看。

> ME MYSELF AND US
>
> **你通常用来看待自己和他人的方式，人格心理学家称之为你的“个人建构”。除了分析他人，个人建构还能揭示出你的性格，并对你的幸福、日常生活中的感觉和行为方式具有重要的影响。**

个人建构既是框架也是牢笼，它可以为复杂的生活提供可预测的道路，但也会把你禁锢在刻板的思考和行为方式中。[1]个人建构可以改变，这给予了我们希望。不过，有时逃脱个人建构的牢笼很困难。因此，让我们回到最初的问题上：你认为你是谁？来看一看你是如何理解这个问题的，从某种意义上说，也就是你是如何理解“你是你的个人建构”的。

## 认识他人时，个人建构既是框架也是牢笼

想象你坐在餐厅里观察着周围的人。你注意到旁边那桌有两个人在用餐，其中一个衣着光鲜的年轻人正第三次让侍者把他的牛排撤走重新加工。观察到这一系列举动后，你对他的第一印象是什么？你唤起了哪种个人建构？

你对他可能有三种不同的判断方法。第一，你可能会认为这个年轻人具有某些特定的人格特质，比如武断、外向、不太宽厚，或者令人讨厌。第二，通过观察这个年轻人与比他较年长的同伴的互动，你推断他把牛排退回去是有目

的的，或许他的目的不在于得到喜欢的熟度的牛排，而在于进行一项与其同伴有关的个人计划。这个计划可能是“给这位年长的同伴留下深刻印象”或“表现出我不会退而求其次的心理”。第三，你可能会编造一段故事来解释这个年轻人的行为。比如，这个可怜的家伙之所以这么吹毛求疵、不停地训斥显然不知道什么叫四分熟的侍者，一定是因为他在工作中遭遇了很大的挫折。

你甚至可能或多或少地同时运用了这三种方法。例如，你可能会想：旁边桌的这个家伙是一个要求苛刻的混蛋，他在炫耀，不过很显然，他刚和别人发生了矛盾。通过这个过程，你对自己和自己评估人格的方式的了解，就会比对旁边那位仍饿着肚子的年轻人的了解更多。

如果像假设的那样，你和那位点牛排的年轻人不认识，那么，你对他的性格、计划和故事的推测便是不可信的。在归因研究中，有一个已被证实的发现是，人们倾向于把他人的行为归因于其性格，而把自己的行为归因于情境。[2] 对这个年轻人来说，你只在这一种情境中见过他，而他那天可能恰好表现得一反常态，因此对他性格的推断，比如他很令人讨厌，就可能是不恰当的。当然，你没有可靠的信息来准确推断他是否在试图给同伴留下深刻的印象，或者是否是因感到受伤而变得过度敏感。不过，这些便是第一印象，是基于你的个人建构而形成的假设性直觉，你试图用它们来解释某个吸引了你注意力的人。

这类直觉无处不在。正如斯坦利·米尔格拉姆（Stanley Milgram）[①] 所观察到的，在日常生活中，人们常常会基于很少的信息做出推断，建构出有关陌生人的故事。[3] 例如，大多数人都常常会遇到“熟悉的陌生人”，比如每天早晨

① 美国社会心理学家。其传记《好人为什么会作恶》中文简体字版已由湛庐文化策划，浙江人民出版社出版，该书详细讲述了他传奇的一生、服从实验的前因后果、六度分隔理论，以及城市心理学。——编者注

都会在电梯里遇到的人，或者在杂货店、送孩子上学的路上经常见到的人。我们与这些人的关系很微妙，因为双方都能意识到彼此的存在，但依然会把对方当作陌生人。这是一种冻结的关系。

有时，人们会围绕这类陌生人精心编造出一些故事，例如：那个每天早上看起来都很苦恼的人可能是一位离了婚的律师，他可能正在为昨天巨人队的失利而恼火；她是一位可爱体贴的女士，并且想住在巴黎，但为了照顾生命垂危的姐姐，她暂时牺牲了自己的快乐。当然，在你编造关于他们的故事时，他们也在编造关于你的故事，而且同样与你的人格和幸福有关。

很有趣的一点是，人们通常都坚决反对解冻这类关系，尤其是当这些关系已经被冻结了很长时间时。如果对此有疑问，你可以问一问自己，在合适的时候，你是更愿意接触一个熟悉的陌生人，还是一个完全陌生的人？事实上，除非在与平时完全不同的环境中遇到熟悉的陌生人，否则人们都更愿意接触真正的陌生人。当然，这类关系偶尔会发生解冻，而解冻之后便有机会证实或改变人们之前对熟悉的陌生人所做的假设了。

有时，你的直觉完全正确，你很高兴自己的推测得到了证实。有时，你的推断也很不靠谱。比如，那个每天看起来都很苦恼的人其实是绿湾队而不是巨人队的球迷；他的婚姻很幸福，只是新出生的双胞胎让他睡不好觉，搞得他精疲力竭。那位女士并不是真的很可爱、很体贴，她曾梦想着住在美国伊利诺伊州皮奥里亚，她也没有姐姐。

在你修正对他们的认识时，他们也在修正对你的认识。毕竟，你们都曾推断过彼此的性格和个人计划，都曾编织过有关对方的故事。[4]推断与事实之间的每一点差异都有助于我们理解人格与幸福。而除了有助于理解他人，这些差异还有助于我们理解自己。同时，分析他人的方式还会对你的幸福产生影响。

ME MYSELF AND US

**你用来理解世界的视角或框架越多，适应性便越强。建构太少或建构没有得到充分证实便会造成问题，尤其是当生活快速运转，而你想试图理解它时，你的建构就可能会束缚你，使你的生活无法像原本应该的那样顺利。**

## 个人建构如何塑造你的生活

个人建构之所以很重要，是因为它们在某种程度上决定了人们塑造自己生活的自由程度。为了更详细地探究这个观点，比较有效的做法是，理解当从个人建构的角度来看人格时，人类本性意味着什么；然后，根据更多有关个人建构如何影响人的感知方式和所作所为的细节来判断。

### 第一印象，是自己内心情绪的表达

20 世纪中期，乔治·凯利（George Kelly）建立了一套见解深刻而独到的人格理论。在他的人格理论中，个人建构是一个关键概念。在两卷装的著作《个人建构心理学》（*The Psychology of Personal Constructs*）中，凯利对当时最有影响力的两个人格理论，即精神分析理论和行为主义提出了挑战。

弗洛伊德的精神分析理论认为，潜意识需求，主要是性需求与社会禁忌之间的长期矛盾塑造了人格。斯金纳和其他行为主义者认为，人们通常所说的人格，只是个体在受到环境偶然事件的奖励与惩罚后形成的一系列行为。凯利认为这两种观点都把人看得过于被动了，他提出，每个人都像一名科学家，会主动检验、证实并修正生活中关于人、事物和事件的假设。[5]

从这个角度看，当一个人形成对他人的印象时，便是在预期这些人将会怎么做。人们用来传递个人建构的标签通常是对比鲜明的形容词，而且人们不仅用这些词来描述自己，也用它们来描述其所爱的人、同行、陌生人以及日常生活中遇到的事物。以下是三种两极化的个人建构，你可能也用它们来理解世界：“好 / 坏”“内向 / 外向”“有 USB 接口 / 没有 USB 接口”。

显然，诸如“好 / 坏”这样的建构适用于各种各样的人和事物，例如胆固醇、体味、沙朗牛排和总统候选人，也就是说，这类建构具有广泛的适用范围。与之相比，“有 USB 接口 / 没有 USB 接口”的适用范围则狭窄得多，主要用于电子设备。它不适于祖母或牡蛎，除非你想为其赋予某种深奥的隐喻。从适用范围来看，“内向 / 外向”介于“好 / 坏”和“有 USB 接口 / 没有 USB 接口”之间，它通常被用于建构人，有时也可以被用于建构其他生物，比如邻居家的马尔济斯犬。但正如本章开篇乔治·凯利的讽刺妙语所说明的，如果某人说教授左脚的鞋子是“内向的”，那么，要想确定发生了什么情况，最好是察看说话者，而不是鞋子。

乔治·凯利还用另外一个论证证明了对于理解自己来说，为什么个人建构非常重要。分析他人时，人们往往会创造出一些特质，并认为这些特质源于其正在分析的人。人们倾向于选择用自己的一套个人建构来评判他人，但这可能会出问题，因为实际上，用自己的个人建构对他人做出的评判是不准确的，或者此建构本身就不同于被评判者的建构。就像前文所讲的餐厅里的年轻人的例子，在进餐厅前，他并没有挂上一个写着“怪人”或“讨厌鬼”的牌子，那些只是反映了感知者所使用的个人建构。而由于个人建构的不同，在看到相同的退回牛排的行为时，其他人则可能会对他产生“讲究”或“有男子气概”的看法。

总之，人们对他人人格的印象来源于自己的个人建构，而个人建构是动态的，它很复杂，而且可以被修改。尽管人们总是认为自己对他人形成印象时是冷静客观的，但其实这种推理性解读通常充满着情绪，是内心深处情绪的表达。

## 个人建构影响情绪反应

个人建构是如何影响情绪反应的呢？6 焦虑其实是一个人意识到某件事超出了自己个人建构的适用范围。比如说，在深夜听到一种奇怪的声音，它不符合你通常的如“猫”或“丈夫”的建构，于是你就会感到一阵焦虑，除非你能证实另一种假设，如“又是小浣熊”，焦虑感才能有所缓解。而如果你感到发出声音的是小偷，焦虑就会转化为恐惧——一种与焦虑相关但不尽相同的情绪。

有时焦虑持续的时间会比较长，尤其是在生活发生了意想不到的改变时，比如伴侣亡故。在这种情况下，你再也不能用以前的方式生活了。为了让独自生活变得合理，为了应对财务状况的改变，为了决定是否继续订购那些体育频道，你必须形成新的个人建构。现在你是谁？如果可用的个人建构比较多，那么，在预测事件或生活发生改变时，你感到焦虑的可能性便会比较小。如果可用的个人建构很少，尤其是当这些建构的适用范围很狭窄时，你对事件的预期和现有的生活就常常会被颠覆，因为你的建构不适用于许多需要应对的新情况。换句话说，个人建构越有限，焦虑感便会越强，预期并应对生活中事件的自由度也会越低。

这就能够解释为什么尽管你竭尽所能地让你妹妹体验新事物，她还是无法从离婚的阴影中走出来。因为她用一种简单的个人建构，即“值得信赖的人/

会像丈夫一样突然离开我的人"来看待每一个人。由此，她降低了自己的自由程度，无法重新投入生活。

从个人建构的角度来看，敌意就是试图牵强地证实你已经开始有所怀疑的个人建构。7 想一个你用于自己的个人建构，比如你认为自己"威严高贵"，不同于那些你认为的"容易对付"的人。假设在某个情境中，有一个人对待你的方式说明他认为你是一个容易对付的人，于是，为了捍卫对自己的建构，你不会让步，你需要自我确认。所以，你第二次把牛排退了回去，如果有必要，你还会第三次把它退回去，因为此时真正利害攸关的并不是牛排。

威胁就是感知到了核心个人建构即将发生改变。在这里，"核心"的概念非常关键，在后面的章节中也会出现。个人建构通常不会孤立地存在，它们会形成一个具有某些性质的系统，深刻地影响着人们解读和应对事件的方式。个人建构系统一个重要的性质是，系统中每个建构之间的关联程度不同。

ME MYSELF AND US

**核心建构与系统中其他建构具有牢固的联系，构成了个人建构系统的基础；而相对次要的建构，其运用和生效可以独立于其他建构。**

当孩子离家上大学时，父母们常常会感到担心，这或许就与他们对个人建构系统的看法有关，他们担心有些事会让孩子信心受挫，甚至一蹶不振。许多学生大一时的核心建构是"聪明 / 不聪明"，并且将这个建构用于他们自己、他们的朋友以及未来可能与其成为朋友的人。对有些学生来说，这个建构与其他建构存在着紧密的联系，比如“成功 / 不成功”“美好的工作前景 / 不得不做毫无希望的工作”，甚至“有价值 / 无用”。

其实，我们可以在个人建构系统中发现研究者所说的建构之间的连带性关系，而根据这种关系就可以梳理出核心建构是什么，也就是那个与其他建构牵涉最多的建构。我们假设“聪明”就是这样一个具有丰富联系的核心建构。思考一下，如果某个事件对这个核心建构构成了挑战，比如考试不及格，那么会发生什么？从某种程度上说，这个事件驳斥了“聪明”这个核心建构，可能很具有威胁性，因为它不是宣告某个建构是无效的，而是对某些人赖以生活的整个建构系统提出了挑战。

相反，如果一个人“聪明 / 不聪明”的个人建构与其他建构的联系很松散，那么考试不及格顶多会让他感到失望和不快，不会产生很大的威胁。如果对于你的孩子来说，“在考试中取得好成绩”不是他个人建构系统的核心，那么期中考试不及格便不会令他崩溃。他可能知道，富有创造力和见解深刻同样是很有价值的特点，并会把它们也纳入自己的核心个人建构中。

检验并修正个人建构所引发的情绪，能够帮助人们了解自己对改变这些建构有多抗拒。一个建构与其他建构的联系越多，改变它遇到的抗拒就会越强。8 几年前，我尝试通过个人建构来理解哈佛学生眼中“自我”的概念。我发现，至少在哈佛大学，聪明程度与“性感”存在关联。

在我的班上，我要求每个同学都要完成一份个人建构评估，并要在每一个建构的层面，对自己和其社交网络中的人进行打分。我告诉了他们一种有趣的方法，借此可以了解改变个人建构的阻力。这种方法就是想象第二天早晨醒来时，他们发现自己变成了与自己的建构完全相反的人，然后想象会发生什么。

你也可以试试这种方法：选择你用来定义你是谁的最重要的一个建构，比如“好家长”“纽约人”“富有创造力”，然后想象用完全相反的描述来定义自己。对于我的学生，我建议他们想一想，如果他们不再是哈佛大学的学生，也就是从来没有上过哈佛大学，他们会感觉如何，这对他们在其他建构，如“聪明才智”“有吸引力”等层面上的自我评价会有什么影响。

结果非常有趣。班上的一个学生告诉我，不上哈佛大学会对他的性感程度产生直接的消极影响。另一个男同学表示赞同，然后，所有男生都表示同意这个说法。他们都认为如果不再是哈佛大学的学生，他们将失去吸引力，失去成为他人伴侣的价值。班里的女生都觉得这令人完全无法理解，继而被逗乐了。针对这个问题，其中两个女生却认为，如果不再是哈佛大学的学生，她们的魅力会增加。

不管以上回答是不是真的，这个思维实验都证明了个人建构的动态影响力和微妙性，或许还显示了性别认同的不公平性。不过，尽管哈佛大学的女生认为自己不够性感，但她们有自己的解脱方法——“至少没有上麻省理工学院嘛”。

## 以丰富的视角看自己，才有可能坚不可摧

杰拉尔德是 20 世纪 70 年代时我班上的一个学生。在那个时代，V 字形和平手势、性爱集会和权力归花运动[①]盛行一时，连空气中都充满了辛辣的味道。9 在上课的第一天以及之后的每一天，杰拉尔德都非常引人注目。其他同学都留着长发，穿着牛仔裤和拖鞋，而杰拉尔德却穿着军校受训学员的军装。

① 20 世纪 60 年代末至 70 年代初美国的反文化运动，它源于反越战运动，主张以和平方式反对战事。运动中，嬉皮士们身穿绣花和色彩鲜明的衣服，头上戴花，并向市民派发鲜花，因而被称为花的孩子。——编者注

他强壮结实，长着一头金发。毫不夸张地说，他从来不是走进教室，而是如行军般进入教室。他似乎没有注意到其他同学的注视和窃笑。在每堂课上，他都笔直地坐在一张小课桌前，并记录大量的笔记。

有一天，我在课堂上讲解如何评估用来分析别人和自己的个人建构。一般来说，学生们都很喜欢探究自己的个人建构，这个班的学生也不例外。这个练习最费力的部分，是计算每个个人建构之间的相互关系和改变的阻力。我在班里来回走动，辅导他们做计算，因为其中有些计算真的相当复杂。

大多数学生有大约 7 种个人建构，这些建构彼此之间有适度的联系，改变的阻力比较小。其中，学生们比较多地使用的个人建构有“聪明 / 不聪明”“有趣 / 乏味”“酷 / 不酷”“讨人喜欢 / 令人讨厌”，还有两个学生用到了“完美的 / 糟糕的”。当我走到杰拉尔德旁边时，他看起来对自己的分析很满意并把它展示给我看。不同于常见的 7 个左右的建构，他本质上只有一个核心建构，即“在军队中 / 不在军队中”，其他建构都隶属于这个建构。他将这个建构应用于亲人、朋友、陌生人，当然也应用于他自己。他非常抗拒改变这个建构，改变的阻力达到了量表的最高分。如果用个人建构来探究人格，需假定在一些非常重要的方面“你就是你的个人建构”。而对杰拉尔德来说，情况显示就是这样的，他的内在建构和外在行为步伐一致地行进着。他那时，以及永远，都是一个军人。这就是他的核心。

后来，在那个学期的某一天，杰拉尔德缺课了。由于他在课堂上一直非常引人注目，所以我当时就注意到了他的缺席，不过我并没有很担心。然而，当他又缺了两次课，甚至包括一次考试时，我开始有些担心了。我发现他突然辍学了，还住进了医院。因为某些纪律原因，他被军官训练项目开除了，几天后，他就因严重的焦虑症住进了精神病科的病房。

尽管杰拉尔德的心理崩溃可能也有其他弱点和性格的原因，但从个人建构的角度看，一个非常有说服力的解释是：他的核心自我建构失效，导致了整个自我建构系统的崩溃。如果能引入其他建构，比如“用功的学生”“学习勤奋”“充满爱心的儿子”，他便可以用另一种方式来看待自己以及自己在这个世界上的价值，这样，“在军队中”这个核心建构的失效便不会像如今这样令他心绪不宁。但是，他没有其他类似的建构，所以就彻底崩溃了。

## 个人建构如何影响你对他人的评价

如果乔治·凯利是对的，每个人都像一名科学家，能主动提出、检验并修正有关自己和他人的假设，那么，在这个分析过程中，我们运用了什么样的证据？真正的而非比喻中的人格科学家会采用什么类型的数据？从个人建构的角度看，日常生活中，非专业的科学家与有博士学位的真正科学家之间并没有明确的界限。真正的科学家可以通过检验和修正人格理论获得收入。当然，非专业的科学家通常没有条件用到精确的心理测试或功能性磁共振成像，也不必努力推动学界对其理论进行一致认可。但在了解他人时，两者所采用的数据具有重要的重叠。下面，我们就来看看对世界的基本定向，是如何影响人们评估人格和幸福的方式的。

### 人的专家和物的专家

还记得餐厅和牛排的例子吗？问一问自己，你是否注意到了某张餐桌上发生了什么？你是否发现自己会不由自主地关注各种各样的人，好奇他们在说什么，并对他们的外表和行为感兴趣，想知道他们做出某种行为的动机？如果是这样，你就是我所说的人的专家，也就是乔治·凯利式的科学家，把他人作为自己最感兴趣的领域。

但是，有些人的定向非常不同，是不一样的专家，我将其称为物的专家。在餐厅时，他们或许像你一样，也在看着其他桌子，但他们的焦点是桌子本身，而不是桌边坐着的人。他们或许正在奇怪，看似不结实的桌腿怎么能支撑住放了满满一桌子食物的桌面，或者被餐厅的新配色或某个包间里的管道设施吸引了注意力。

ME MYSELF AND US

**人的专家对人和社会关系着迷，采用人格的方式来了解其他人；物的专家对事物和物质关系感兴趣，采用物理方式分析世界，包括他人的世界。** [10]

一个人是人的专家还是物的专家会影响其评估彼此人格的方式，这对非专业科学家和真正的科学家都适用。人的专家倾向于从心理角度来了解他人，分析他人的动机和意图。由于不与人进行实际交谈很难做出具体分析，所以，如果不是不可能的话，人的专家会更倾向于与人攀谈。但如果因为某些实际情况的阻碍或熟悉的陌生人的微妙限制，无法与其进行交谈，那人的专家仍然倾向于做出关于他人的推断。不过，在这种信息不充分、没有根据的情况下，他们所做的推断可能完全是对他人的误解。

相反，物的专家倾向于忠于客观数据，不会进行超出事实的推论。但是，物的专家也会误解他人，因为他们通常只注意非常明显的事情，而会忽视若隐若现的深层意义。

人的专家与物的专家之间的差异同样适用于“职业的”人格研究者。有些研究者在评估人格时会采用物理的测量方法，比如功能性磁共振成像、生理记录和基因技术。另一些研究者则会采用更人格性的方法，比如评估个人建构、个人计划和生活叙述。这两类专家很少进行对话，事实上，当面对另一类专家收集的数据时，他们常常会变得脾气暴躁，并且采取对抗和防御的态度。[11]但有时，比如在招聘高管时，能够从各种不同的角度来了解应聘者的人格，采用不同的起始假设和专业测量技术，既是可取的，也是必要的。

公司在招聘高管时，常使用一种有效的方法，即评价中心。[12]这是一个持续几天的评价过程，在这个过程中，一组评价者，包括人格评估方面的专家和招聘公司的高管，他们会引导应聘者经历各种各样的面试及社交活动，参与个人的和集体的练习。我曾作为顾问参与过一次这样的评价，评价过程非常吸引人，因为它证明了个人建构在一个人所采取的决策方式上发挥着重要作用。

## 个人建构单一的人如何评价他人

我参与的那次评价中心，客户是一家大型林业产品公司，他们想聘请一位资深的资源生态学家做公司高管。最后挑选出了6名候选人，公司采用评价中心对他们进行评价。当时招聘的那个职位非常重要。公司正打算在伐木部门开展一项重大变革，强调可持续发展和生态意识。在那个时候，这还是很新颖的理念，而成功的应聘者将负责领导团队推进落实这项新倡议，最关键的是，他要敢于抵抗伐木部门那些保守而态度恶劣的高管，毕竟他们在公司中很有势力。除此之外，成功的应聘者还得面对越来越激进，且影响力巨大的反伐木分子团体。所以说，这是一个非常受公众关注的重要职位，成功的应聘者所接受的也必将是一项艰巨的任务。

评价者进入一个面试室，等着几位候选人到来。我旁边坐的是评价者中最粗暴无礼的一位——杰克·班克罗夫特，他胸肌发达，拳头巨大，眼睛炯炯有神。在公司里，杰克是一步一步晋升到高管位置的，他出了名的直率，从不给人留情面。他曾威胁过一名顾问，起因不过是那名顾问提议通过水下渠道输送污水以减少纸浆厂产生的辛辣气味。“我不接受你的建议，因为你显然没有在浴缸里放过屁。”杰克就这样打发了那位慌乱且多少有点困惑的顾问。所以，我饶有兴趣，也有点不安地期待着面试的开始。

没过多久，面试室便一片刀光剑影了。应聘者是一水儿的男性，进来后就依次坐在了椅子上，不过，其中有一个人显然很与众不同。这个人叫德里克，他面色苍白，骨瘦如柴，头发又长又顺滑，还长着稀疏泛红的络腮胡，以及一双无力的蓝眼睛。他在爱尔兰出生，7 岁时随家人来到了加拿大。与其他应聘者不同，他没有穿西装，而是穿了一件好像布满青苔的工作服。他没有穿拖鞋，不过看起来他很想那样做。我可以预料到杰克的第一反应，果然，他“哼”了一声，大声对我说：“嬉皮士想都别想得到这份工作。”我建议他好好看看面试的情况，他却用充满讽刺的眼神轻蔑地看了我一眼。对杰克来说，第一印象就意味着最终结论。于是，我马上就预想到，未来三天将会很有挑战性。

评价中心的日常安排得很紧凑，白天，评价者几乎没有机会反思当天发生的事情。不过，在每次练习或面试后，我们都需要记录自己对每位应聘者的印象，并根据一些标准对他们进行评价，这样，我们便可以在晚上回顾当天的记录，看一看其中显现出了什么模式。关于杰克对德里克的评价，我特别感兴趣。我想知道杰克对德里克糟糕的第一印象是否仍没有改变。而第一天的结果证明，确实如此。

在最初的三个练习中，杰克给德里克的评分都很低，甚至在沟通技能、决策能力和技术知识方面，都给德里克打了最低分。在杰克眼里，德里克唯一的闪光点是创造力。但是杰克不重视创造力，他认为那不是一项重要的个人建构。在报告后面的总评表上，杰克对德里克的评价是这样的："德里克无疑是富有创造力的。他谈到小时候种过树，而且与树建立起了关系。天哪！如果他得到这个职位，他一定会被伐木部那些人活活吃掉。他是一个怪人，是老雷斯[①]，应该为其他地方的树木代言。"可见，杰克还是很有幽默感的。

当被问到应聘这个职位的动机时，德里克谈起了童年时在森林里漫步以及其他与森林有关的乐趣。但他是用带点幽默，几近自嘲的口吻说的，毕竟他知道评价者中的某些人热衷于砍伐树木，而且在这些评价者眼里，树木其实就是木材。德里克·罗拉克斯可不是傻子！

第二天上午，评价小组讨论了能力与人格测试的结果，当然，应聘者不在场。德里克的情况非常独特。可以预料到，他在语言理解、认知灵活性以及以新方式看待熟悉的事物方面获得了很高的分数。也正如预期的那样，他在创造力测试中获得了最高分。不过，在分析能力上，他也取得了不俗的成绩，特别是在视觉加工能力上。

在测试反馈后的茶歇时间，我向杰克打招呼问好。每个评价者都被要求独立对应聘者进行评价，这些评价会在最后阶段被汇总到一起，因此在最后阶段之前，评价者不应该互相交流对应聘者的看法。但杰克坚持要和我说说一位让他感到烦恼的应聘者，也就是德里克。我对这事很关注。因为在之前的练习中，德里克所表现出来的技术能力、沟通能力令每一位评价者都印象深刻，除了杰克。事实上，杰克不仅没有改变对德里克的评价，反而还坚定并极端化了对他

① 3D 动画片《老雷斯的故事》中的人物，为了保护森林，老雷斯即罗拉克斯多次找到贪婪鬼老万，替那些可怜的树木求情。——译者注

的评价。

第二天下午，应聘者进行了一个角色扮演练习，事实证明，这是整个评价过程中的转折点。应聘者要想象他们正在参加市政厅会议，在会议中，他们要代表公司进行林业业务的辩论。评价者扮演公众，对应聘者提出一连串富有挑战性的问题。我扮演一个捣乱分子，慷慨激昂，但没有固定的立场，只是不断情绪激动地攻击每一位发言者。后来，杰克也加入了进来，于是我们俩成了最令人讨厌的人。不过，接下来发生的事让所有人都大吃一惊。德里克征服了我们！他发表了一篇震撼人心的反伐木演说，对我们的可持续发展理念提出了质疑，并提出了一些让彻底砍伐的观点完全站不住脚的技术问题。他太出色了。杰克也被他折服了，独自跑到外面吸烟。

接下来是每两名评价者面对一名应聘者，在这个过程中，评价者会更深入地探究应聘者的求职动机以及他们的个人顾虑和人生故事。当时我刚刚开发了一种名为个人计划分析（Personal Projects Analysis）的心理评估工具，于是决定在这些应聘者身上试一试。[13]这种方法和乔治·凯利评估个人建构的方法比较类似，但它强调的不是人们在做什么，而是人们在人生中追求什么个人计划。认知理论家关注的是你在想什么，行为主义者关注的是你在做什么，而我的方法本质上是在问“你认为你在做什么”。[14]

杰克和我面试德里克。当谈论起个人计划时，德里克似乎变得活跃了起来。他有许多热衷的个人计划，从上财务系统课程到练习蓝草吉他。我们越来越明显地认识到，虽然德里克的打扮类似于嬉皮士，但他并不符合人们对嬉皮士的刻板印象。从某种程度上来说，他所关注的问题和所从事的活动更接近商业人士。他还说了一个在当时看来很少见的兴趣，那就是有朝一日开创自己的企业。虽然在之前的接触中，杰克一直拒绝关注德里克，但现在他开始向德里克提出问题了，而且隐约表现出了兴趣。杰克慎重地收集着数据，我怀疑他会重新考虑对德里克的评价。然而，当杰克完成综合评分后，德里克依然排名最后。

接下来的一个上午，我们要进行最后的评估。我们会对每一位应聘者一一进行评价，整理并讨论在这些天里收集的信息中的所有差异。当杰克站起来发表见解时，我们正打算处理大家的最终评价和综合评分。我以为杰克会说“除了老雷斯，任何人都……”，但情况完全不是这样的，他说：“我错了。”接着，他说自己一开始有多么看不上德里克，现在却认为德里克显然是最棒的。事实上，他认为德里克是一位超级明星，并充满激情地请求我们把德里克排在第一。

我必须承认我的第一反应是很开心，因为一个素来喜欢夸大其词，相信第一印象的人终于改变了主意。当杰克直视着我说，在过去的几天里他受益良多时，我真的很感动。评价中心的目标之一是为评价者提供可发展的经验，并为应聘者提供重要的反馈，而杰克显然得到了改变。但我还不能完全相信这种改变。

德里克没有得到那份工作，因为最终他排在第二，第一名是一位创造力稍逊，但比较谨慎，且完全能胜任这份工作的生物学家。评价者们认为，这位生物学家既具有专业技术知识，又能够进行明智的判断，所以选择了他。当天，应聘者并没有得到反馈，因此，当我们走出面试室，进入大厅，最后一起喝咖啡并道别时，空气中弥漫着焦虑的快活。我看到德里克和杰克正在交谈，热烈地讨论着蓝草吉他音乐，于是我也加入了进去。

杰克以及他态度的改变让我很感兴趣：他是真的改变了吗？这不是逐渐发生的改变，而是突然发生的，就好像触发了一个引爆点。在杰克眼中，德里克不再是最后一名，而是成了第一名；他不再是百无一用的嬉皮士，而是公司未来的英雄。这其中到底发生了什么？以下是我现在的思考。

## 个人建构的复杂性，决定认识他人的科学性

杰克跟那位军校受训学员杰拉尔德很像，只有一个特别强势的个人建构。这个个人建构处于核心地位，具有很强的评价作用，而且显然与“嬉皮士 / 不是嬉皮士”有关。我想，如果对杰克的个人建构进行研究，一定会发现这个核心建构与其他各种建构都存在联系，比如“值得信赖”“坚强”“可靠”，甚至“干净整洁”等。在杰克具有高度联系的个人建构系统中，如果这个核心建构处于中心地位，那么它一定很难改变。我们还知道，如果由于某种原因，这个核心建构变得不可预测或不稳定了，便会引起强烈的情绪反应。在进入评估中心之前，“嬉皮士 / 不是嬉皮士”的个人建构没有让杰克感到不适，反而是对他有益的。

我听说杰克的儿子吸毒，而且他那种另类的生活方式令杰克既伤心又恼火。我还知道杰克曾与环保组织发生过许多争论，而且他的部门并没有妥善处理，这严重影响了他的职业生涯。我怀疑杰克是一名物的专家，因为他对机械很在行，而且虽然没有受过专门的教育，但他还是自然而然地被林业管理中的技术方面吸引。我敢肯定他没有读过普鲁斯特[1]的书。我们都知道，物的专家不仅分析物体，还会从物质特征的角度来分析人。15 相对于人的专家，他们更关注外表，把外表作为评价、判断的依据。所以，看到德里克穿着工作服，留着长发，杰克就立刻断定他是个嬉皮士，当然，杰克也必须承担这种简单判断带来的所有后果。

① 20 世纪最伟大的小说家之一，意识流文学的先驱与大师，著有《追忆似水流年》等作品。——编者注

然而，评价期间发生了一些情况。杰克面临着许多很难被纳入“嬉皮士”建构的信息，比如说，德里克对能更深入地学习财务知识感到很激动，能勇敢地面对环保主义者，而且懂机械。于是，杰克也不得不感叹：“天哪，他和我那么像！”

个人建构还有另一个特点，叫作狭缝改变（Slot-Change），这一特点有助于解释杰克建构系统发生的改变。

ME MYSELF AND US

**狭缝改变指的是如果一个人的个人建构系统很单一，主要围绕一个核心建构而形成，那么，当他做出改变时，也不过是沿着这个核心建构的两端来回改变，没有太多其他的选择。**

如果一个人的个人建构系统主要围绕着一个核心建构而形成，那就意味着当这个核心建构受到挑战时，他几乎没有回旋的余地。换句话说，核心建构的主导性越强，也就是其他大量个人建构都以它为中心，你在生活中的自由度便会越有限。如果你拥有许多独立的个人建构，也就是可以用几种不同的视角来预期事件，那么，当其中一个视角效果不好或变得无效时，你便可以转换为另一种个人建构，以另一种视角来看。

但是，如果你只有一个核心建构，就意味着你只能沿着一个渠道或狭缝运动。当它被推翻时，你也只能朝着一个方向前进，即在这个建构的两端之间转换，沿着相同的建构在其两极之间来来回回地改变。例如，如果你严格根据“聪明 / 愚蠢”这个建构来看待自己，那么，当考试不及格时，你就只能走向

“愚蠢”一端。像陷在雪地里的汽车一样，来回滑动得越久，形成的车辙就会越深；如果不停地在一个建构的两端来回转换，那你尝试用新的、更有适应性的建构来预期事件的可能性就会变得越低。

从某种意义上说，杰克确实改变了他对德里克的建构。但如果这仅仅是狭缝改变，那我又会担心当德里克得到了那份工作，不得不与杰克在重要的任务上进行合作时会发生什么。因为当德里克的行为再一次发生出乎杰克意料的改变时，杰克可能又会将其归为嬉皮士。换言之，杰克被其核心建构束缚了，而这个核心建构至少主宰着他工作与生活中的一些关键人际关系。

## 以最自由的态度看世界

在这一章中，我们探讨了以不同视角看他人的价值，以及在理解生物（包括我们自己）时具备充分自由的重要性。只有有充分的自由，我们才不会对他人进行狭窄的界定，比如像章首威廉·詹姆斯说的那样，将螃蟹简单地归为甲壳类动物；或者像上文提到的杰拉尔德或杰克那样，只有“在军队中 / 不在军队中”或典型的“嬉皮士 / 不是嬉皮士”的建构。我们不应该仅仅把自己看成聪明的或愚蠢的，看成戴维的妻子或猫女士。我们可以自由地重新评价他人和自己。而当评估他人的人格与幸福时，我们不仅要考虑他们和其他人有多相像，还需要考虑他们和其他人有多么不相像。

在接下来的章节中，我将介绍提高你在理解自己和他人时的自由度的方法。我会从比较稳定的人格特质讲起，介绍这些人格特质对人们的成就与幸福有什么影响。接下来，我会讲自由的人格特质，即人们表现出人格特质的方式，以此推进核心计划的进展。要想了解一个人自由的人格特质与个人计划，我们就不可能毫不动感情地遥遥观望，就像前文讲的观察餐厅里的那个人一样。相反，我们需要和我们想了解的人进行交流。我们不需要正式的评价中心，但也绝不能仅靠观察和第一印象来评判，我们需要进行真正的调查，并反复思考。

你看待自己的方法是否过度局限于一些个人建构？你是否狂热地坚持某些建构？当这些建构受到挑战时，你是否有受威胁感？为了证实这些建构，你是否会变得充满敌意？你用来分析自己的方法或许恰当合理，它们为你提供了理解自己的参考框架，但这个框架也可能限制了你的适应能力，以及根据情境做出改变的能力。[16]当仔细考虑你自己的人格和想要的生活时，你也需要探索新的方法来审视、理解与你一起生活的家人、朋友和同事。要做到这一点，尤其是想要理解那些令你感到困惑不解的人，放弃旧有的建构或许会有帮助。

在接下来的章节中，我将提供一些能使你重新思考、审视人格与幸福的新方法，并由此撼动你的个人建构。在这个过程中，我希望你能获得更大的自由并体验到满足感；同时，我也希望你能反思自己的生活，思考你和其他所有人、其他某些人有什么相似之处，有什么不同之处，并在心里掀起一些波澜。

# 稳定特质：幸福的人总有相似之处

ME MYSELF AND US

**关于不同的人格特质与幸福、成功的关系，你认为以下哪些说法是正确的?**

A. 在创新行业，相较于责任感低的人，责任感高的人更有可能取得成功;

B. 一般来说，讨人喜欢的人在事业上不会特别成功;

C. 通常，神经质的人能体会到的幸福感比较低;

D. 在对消极情绪的感受上，开放者与神经质者有很高的相似性;

E. 相比于外向者，内向者的生活通常会比较镇定。

扫码做题，获取答案及解析。

一件好事是，大多数人到 30 岁时，性格便稳定得像一块石膏了，而且再也不会变软。

——威廉·詹姆斯:《心理学原理》

试图变得更幸福可能像试图变得更高一样徒劳无益，而且只会事与愿违。

——戴维·莱肯、奥克·特立根:《幸福是一种随机现象》

你是否曾苦苦思考自己是个怎样的人？是很外向[1]、非常讨人喜欢，还是有点神经质？你是否认为餐馆里那个家伙专横傲慢？你是否认为你的猫反应迟钝？如果是这样，那你便是遵循了久负盛名的识人方法：用人格特质来解释行为。这种理解人的方式非常古老，而且到现在依然非常流行。[2]

我们假定人具有相对持久且有别于他人的思维方式、感受方式和行为方式，都是因为其人格特质。在本章中，我们来看一看心理学家是怎样理解人格特质的，以及人格特质与幸福有什么关系。如果开篇引用的两句话是正确的，那就是说，我们的人格特质与幸福在成年早期就固定下来了，很难被改变。这些持久的人格特质具体是什么，对我们的生活有什么影响，它们真的像石膏一样稳定吗？在说这些之前，我要先讲一次活动，在那次活动上，我要做一个有关人格特质的演讲，但在我开始之前话题就被转移了，而导致话题转移的正是人格特质在行为中的体现。

## 30 分钟完成的人格测试，真的可信吗？

在亚利桑那州索诺玛沙漠的一个疗养所，我要给一大群高科技公司的管理人员做演讲。我登上讲台，准备开始演讲。这时，一位高个子女士兴冲冲地站起来介绍自己，说她是规划委员会的成员，要确保我没有“把影音系统搞得一团糟”，这是她的原话。她的名牌上有一张她微笑着的照片，用花体字写着“黛比”。黛比穿着白 T 恤，上面有几个红色的粗体字：ESFJ。在过去 40 年里，如果你曾在中等规模的企业工作过，那你可能会知道这些字母分别代表外倾（Extraverted）、感觉（Sensing）、情感（Feeling）和判断（Judging），是根据迈尔斯 – 布里格斯人格类型量表（Myers-Briggs Type Indicator，简称 MBTI）而得出的人格大致特征。

迈尔斯 – 布里格斯人格类型量表由凯瑟琳·库克·布里格斯（Katharine Cook Briggs）和她的女儿伊莎贝尔·布里格斯·迈尔斯（Isabel Briggs Myers）编制，是一种人格评估工具，其理论基础是 20 世纪初最有影响力的精神病学家卡尔·荣格的理论。[3] 最新版本的标准迈尔斯 – 布里格斯人格类型量表包含有 93 个题目，用来评估人们在 4 个维度上的倾向或趋势：外倾型还是内倾型，感觉型还是直觉型，思维型还是情感型，判断型还是理解型。[4]

迈尔斯 – 布里格斯人格类型量表非常流行，每年有超过 250 万人用它对自己进行评估，你可能也曾用过。它已经缔造了一个产业，包括销售评估服务、培训项目、书籍、DVD、T 恤、咖啡杯，甚至内衣，所有这些产品都装饰着 4 个概括人格个性的字母。

为什么迈尔斯－布里格斯人格类型量表会这么受欢迎？为什么看到黛比的T恤时我会翻翻白眼？迈尔斯－布里格斯人格类型量表之所以受欢迎，是因为它具有信度和效度吗？或许不是。迈尔斯－布里格斯人格类型量表在每个维度上都会产生两个特征，也就是说共有16种组合方法，而黛比T恤上的4个字母则是其中一种。问题是，如果反复进行评估，你不太可能在同一维度上始终获得相同的分数。[5]换句话说，迈尔斯－布里格斯人格类型量表缺乏信度。在这次评估中得到这4个特征，而在下一次评估中可能又会有所改变。[6]所以，黛比可能需要购买更多的T恤。

至于效度，即是否测量了它想测量的事物，迈尔斯－布里格斯人格类型量表勉强符合要求，但并不卓越，也不像其他人格测试那样具有广泛的研究基础。

为什么迈尔斯－布里格斯人格类型量表对企业和个人那么有吸引力呢？我认为有5个原因。第一，用迈尔斯－布里格斯人格类型量表测试既简单又令人愉快。围绕迈尔斯－布里格斯人格类型量表进行工作，能让大多数参与者都感到非常有趣，而且是进行团建的一个好方法。关于如何评论企业使用迈尔斯－布里格斯人格类型量表，有人这样描述：

> 亚特兰大地区一位不想暴露姓名的企业培训师说，她担心自己所在的企业已经变成“快乐型”的了……企业的风气是自带午餐和进行迈尔斯－布里格斯性格分类测试。“这有点像集体的星座占卜等类似的事情。”她说。换言之，这种评估既简单又迅速。“首先你打电话给达美乐比萨，然后打给培训部做测试，这两者都将在30分钟内送达。”[7]

因为许多人对心理评估这样描述，一些学术界的人格研究者退缩了。从我自己的个人建构来看，这种以送比萨的速度完成的类似于星座占卜的评估，与我所认为的理解人格的必要方式正相反。我认为应该对人格进行细致入微的分析，但在日常生活中，许多人都觉得用4个字母来概括自己非常有价值，因为这样的评估做起来容易，也便于贴在杯子或印在衣服上公开展示。

迈尔斯－布里格斯人格类型量表受欢迎的第二个原因在于它的营销、产品包装和衍生产品。它们色彩缤纷，光鲜亮丽，给人一种特别专业的感觉，其他人格评估方式很少能创造出这种光环，在有些人看来，这是高超的营销智慧。

第三个原因是，分享和比较通过迈尔斯－布里格斯人格类型量表而得出的人格类型，有可能促使人们开始谈论人格与倾向，而这些交谈完全不同于有关星座的交谈，会产生一些名副其实的真知灼见。

第四个原因是，人们总是倾向于认同对他们的人格所做的描述，无论是迈尔斯－布里格斯式的性格分类，还是其他更加细化的量表上的分数。这成为他们自我认同的一部分，比他们最喜欢的比萨更能代表其个性。就像黛比，她显然很认同自己的人格评估结果，所以骄傲地把它“穿”在身上，简直就是把它当成了自己的荣誉勋章。

第五个原因不仅适用于迈尔斯－布里格斯人格类型量表，也适用于其他形式的人格评估，我将其称为“神奇转变”。当人们比较自己在回答人格测试中的问题与看到最终人格描述时的感受时，这种神奇的转变就会发生。如果你做过这类测试，可能也有过这样的经历，在回答问题时，你是不是在想：“好纠结，完全不知道怎么选，这完全取决于我当时的心情或环境啊。”但在把回答转化为分数后，你的人格描述便显现出来，这时，你觉得描述非常符合自己，惊叹道：“那真的就是我！”当看到描述真的体现了自己的人格时，人们就会打消怀疑并立即产生兴趣，甚至对此着迷。[8]我认为这就是发生在迈尔斯－布里格斯人格类型量表上的情况。尽管在做题目时人们可能非常怀疑，但大多数人相当喜欢看到测试结果，愿意和同事、家人和朋友分享。

我还注意到，根据迈尔斯－布里格斯人格类型量表得出的结果没有“坏”的描述，所有描述采用的都是能够引发钦佩与赞美的措辞，所以，你可以骄傲地把自己的人格描述告诉其他人。毫无疑问，这也是这类测试大受欢迎的一个因素。

当黛比衣服上的 ESFJ 在我眼前跳动时，我为什么会翻白眼？因为在即将上讲台做演讲的时候，我发现黛比是很难对付的那类人。最让我警惕的是字母 E，这说明黛比是个外向的人。她说话嗓门很大而且直截了当，她以自认为有用的方式管理着我和影音设备。我不是一个大嗓门且直言不讳的人，也真的不喜欢被人“管理”，而且影音设备也完全没问题，所以只能委婉地谢谢她。如果我是那种把人格描述戴在胸前的人，我的 4 个字母应该和黛比的正相反，尤其是第一个字母，它一定是在表示：“嗨，我是布赖恩，是个内向的人。”但是我并不是通过迈尔斯－布里格斯性格分类测试才认定自己为内向者的，而是通过大五人格因素模型[9]，这是当今人格科学领域最有影响力的研究之一。

## 大五人格特质如何影响你的成功与幸福

在介绍当代人格研究在人格特质，包括内向和外向方面的发现之前，我认为你会想要做一做以下测试。测试所用的量表由萨姆·戈斯林（Sam Gosling）、贾森·伦特福罗（Jason Rentfrow）和威廉·斯旺（William Swann）编制。

## 10 | 项 | 目 | 大 | 五 | 人 | 格 | 量 | 表 ME MYSELF AND US

以下有一些人格特质，它们可能适用于你，也可能不适用于你。根据你的赞同或反对程度，为每一个陈述打分。你需要对每一对特征中的每一项都做出评估，即使其中一个比另一个更适用于你也没关系。

| 强烈反对 | 比较反对 | 有一点反对 | 既不赞同也不反对 | 有一点赞同 | 比较赞同 | 非常赞同 |
|---|---|---|---|---|---|---|
| 1 | 2 | 3 | 4 | 5 | 6 | 7 |

_____ 1. 外向，热情。

_____ 2. 爱挑剔，好争论。

_____ 3. 可信赖，自律。

_____ 4. 焦虑，容易心烦意乱。

_____ 5. 对新体验持开放的态度，多元。

_____ 6. 保守，文静。

_____ 7. 具有同情心，热心。

_____ 8. 散漫，粗心。

_____ 9. 平静，情绪稳定。

_____ 10. 传统，缺乏创造力。

**计分规则：**

尽责性得分 =[ 第 3 项分数 +（8− 第 8 项分数）] ÷ 2；

宜人性得分 =[ 第 7 项分数 +（8− 第 2 项分数）] ÷ 2；

情绪稳定性得分 =[ 第 9 项分数 +（8− 第 4 项分数）] ÷ 2；

开放性得分 =[ 第 5 项分数 +（8− 第 10 项分数）] ÷ 2；

外倾性得分 =[ 第 1 项分数 +（8− 第 6 项分数）] ÷ 2。

**成年人的平均分数：**根据 305 830 名被测试者的分数而得出。

尽责性：4.61 分，其中 6 分及以上为高分，3.2 分及以下为低分；

宜人性：4.69 分，其中 5.9 分及以上为高分，3.5 分及以下为低分；

情绪稳定性：4.34 分，其中 5.8 分及以上为高分，2.9 分及以下为低分；

开放性：5.51 分，其中 6.6 分及以上为高分，4.4 分及以下为低分；

外倾性：3.98 分，其中 5.6 分及以上为高分，2.4 分及以下为低分。

你可能注意到了，做完这个测试只需大约 28 分钟，完胜比萨送餐速度。人格研究者会用这个非常简短，但可靠且有效的量表来测量你在 5 个重要人格维度上的情况，而这 5 个维度通常被称为大五人格特质。我列出这个量表是想让你从特质的角度对自己的人格有一点认识。在后面的章节中，我还会列出更多不同的人格量表。最初，研究者编制这些量表只是将其作为研究工具，有时也用于有关人格的教学，但研究者从未打算将其作为诊断工具，而且一直谨慎地对它们进行解释。所以，我列出这些量表，也只是希望你将之用于自我反思。如果你想得到更长、更全面的大五人格量表，可以参考保罗·科斯塔（Paul Costa）和罗伯特·麦克雷（Robert R. McCrae）编制的大五人格量表修订版（NEO PI-R），它被广泛地应用于世界各地的研究中。[10]

无论是全面的还是简单的版本，大五人格量表都反映了人格研究者的共识，那就是人格虽然千差万别，但都可以被归结为五大因素，即尽责性（Conscientiousness）、宜人性（Agreeableness）、神经质（即情绪稳定性 Neuroticism）、开放性（Openness）和外倾性（Extraversion），有时用首字母缩略词 CANOE 表示。[11]与迈尔斯－布里格斯人格类型量表不同，这些术语并不表示人们属于或不属于某种人格类型，比如外向的或神经质的。相反，大五人格量表只是提出了几个维度，每个人在这些维度上都处于不同位置，大多数人处于中间地带，其他人则分散在各个维度的其他位置上。

有明确的证据显示，每个维度上的人格特质都具有遗传性，在每个维度上，人与人之间的差异大约有 50% 都源于遗传。[12]同样明确的是，每个人格维度上的分数都对人的快乐、健康和成就，也就是构成幸福的核心要件具有重要的影响。[13]这将我们带回到人格与幸福是否如威廉·詹姆斯所说的“像石膏一样稳定”的问题上，用人格来衡量你迄今为止的生活以及未来的前景是合理的吗？幸福的哪些方面与大五人格特质存在关联？

在接下来的内容中，我将用案例来说明人格特质与幸福究竟有什么关系，也建议你尝试将大五人格特质应用到个人建构中。我将详细解读大五人格特质中的4个特质，并讲述它们与幸福的哪些方面密切相关。然后，我会对第5个特质外倾性进行更详细的分析，探究稳定的人格特质与幸福之间联系的微妙性。

## 尽责性：有时未必是优点

如果你在尽责性上取得了高分，那你的特点很可能是有条理、有秩序、认真、坚韧、谨慎、周全和不冲动。相反，在这个维度得分低的人则可能被描述为散漫、粗心、随意、轻率和冲动。乍一看，尽责性高似乎是一个很大的优点。确实如此，相当多的研究显示，高度的尽责性对幸福的许多方面都有好处。[14]

尽责性与学业、职业领域中的成就密切相关。在这些领域，尽责性被广泛认为是最好的预测指标。例如，根据大学生在尽责性上的分数比根据其高中成绩更能预测出他们的大学平均成绩。根据尽责性，还能很好地推断出大学生是否能坚持读完大学。

尽责性之所以与学业、职业成就密切相关，原因看起来非常简单：对那些能按时完成作业，能为了准备考试而放弃校园生活中的各种乐趣，并能够控制狂喝滥饮的冲动的学生来说，高等教育正常的生态体系会给予他们回报。[15]当结束大学教育，进入就业市场时，我们很容易就能看出为什么低尽责性的学生不太可能引人注目。因为这样的学生通常看起来冲动、懒散、鲁莽，甚至可能在面试时迟到，而大多数招聘者是绝对不会喜欢这样的求职者的。同样，我们还可以推断，高尽责性的应聘者更有可能受到重视，更有可能获得工作，进入职场后，也更有可能获得高度评价和高薪。值得注意的是，尽责性对成功与成就的预测，在相当多的职业中都适用。

高度的尽责性不仅与更好的学习成绩、更成功的事业息息相关，它还与人的健康和长寿密切相关。想一想你在尽责性上的分数，再想一想你 11 岁的时候，老师和父母会如何评价你的尽责性。霍华德·弗里德曼（Howard Friedman）和他的同事提供了一些有趣的证据，证明通过尽责性可以预测寿命。[16]确实，尽责性对寿命的积极影响与心血管疾病对寿命的消极影响是等效的。就像尽责性与学习成绩、职场成功存在着联系一样，尽责的人似乎更长寿，因为他们一生都会进行各种与健康有关的任务和计划。从用牙线清洁牙齿到经常健身，高度尽责的人更有可能追求并坚持与此类似的健康行为。

看起来高尽责性预示着幸福，而且它与幸福的关系既明确又坚固，至少第一眼看上去是这样的。可是，这种人格特质是否存在缺点呢？一些迹象显示，尽责性很可能也存在不好的方面。

丹尼尔·耐特尔（Daniel Nettle）提出了很有说服力的观点。

ME MYSELF AND US

**高度的尽责性是传统意义上成功的最佳预测指标，从这方面看，它也就是人们潜在幸福的重要决定因素。但耐特尔认为，尽责性主要在可预测、有秩序的环境或社会生态中有适应性。[17]**

对于需要按时完成、全身心投入的计划和任务，高度尽责的人往往能更轻易地坚持下去。但如果环境是混乱、不可预测、快节奏的，高度尽责的人就可能会适应不良。在这种环境中，不太尽责的人反而更能从常规活动中脱离出来，应对突发事件，轻易地改变方向。

鲍勃·霍根（Bob Hogan）和乔伊斯·霍根（Joyce Hogan）的研究为耐特尔的观点提供了一些证明。他们研究了一群特别有趣的专业人士，调查尽责性与工作效率之间的关系。[18]与大量其他的研究相反，他们发现，高度尽责的人反而工作效率较低。为什么会出现这种差异？因为霍根夫妇研究的是塔尔萨县的爵士音乐人。尽责性较低的音乐人更有可能被同伴评价为优秀的音乐人。

想象一下即兴演奏爵士乐，或一群从未一起表演过的音乐人在俱乐部里演奏。彼此熟悉的音乐人只会演奏传统节目，而临时组成的乐队则可能会花样翻新，表现出无尽的创造力。高度尽责的爵士音乐人可能对标准的演奏曲目了如指掌，但对其他演奏者在节奏、韵律或音调上的微妙变化不敏感。在演奏国歌时，大多数人倾向于选择高度尽责的人，而不是喜欢突发奇想，随意冒出一个音符的演奏者。但如果环境是不断变化的，结构具有开放性，演奏者与观众都习惯于接受各种新的可能性时，尽责性的美德便值得质疑了。[19]

这种现象并不仅限于音乐人群体，想一想你自己的社会生态系统，它是更像组织良好、等级分明的正式组织，还是更像即兴的爵士乐演奏？当评估人格与幸福之间的联系时，我们需要考虑个人的人格与其所处的社会生态系统，因为一个看似积极的特质可能仅适合于有限的任务与项目。了解这些，也许会对你估量自己的生活，以及规划新的方向产生影响。

## 宜人性：职场中讨人喜欢反而不会成功

大五人格的第二个特质是宜人性。在人们眼里，宜人者是令人愉快的，具有合作精神和同情心，友好且乐于助人。相比之下，难相处的人则被认为愤世嫉俗，不友好，喜欢跟人对着干，心胸狭窄。显然，宜人性是非常可取的人格特质，尤其是在与他人合作的情境中。人们在形成对他人的第一印象时，宜人性是大五人格中最常被涉及的特质。有些研究者推测，探查一个人是否好相处，能够回答一个进化遗留下来的问题：我可以相信那个人并与他结盟吗？[20]

尽管在形成对他人的第一印象上，宜人性很重要，但它并不像尽责性那样，与成功密切相关。与大五人格中的其他特质相比，宜人性对世俗意义上成功的预测力最弱。事实上，甚至有证据显示，以薪酬为指标来衡量，在职场中讨人喜欢的人通常都不太成功，尤其是对男性来说，这可能是因为宜人性与社会规范对男性行为的要求恰好背道而驰。[21]不过，在这里我要再一次提出社会生态学的问题，即是否存在某些职场环境，讨人喜欢的人反而会更成功？

关于工作效率与宜人性的关系，芬兰的一项研究提供了一些新数据，显示了与以往研究相反的结论。[22]研究发现，宜人性与多种效率测量标准之间存在着密切而一致的关系。为什么会与之前的研究相矛盾呢？因为这次研究的对象碰巧是一些优秀的客户经理，他们的工作是维护好与重要客户的关系，而这些客户对公司的销售与发展具有关键作用。尽管在短时期内或在与他人初次见面时，宜人性并不会发挥特别好的作用，但如果根据长期关系进行研究，其效果就会显著很多。总之，探讨人格对成功的影响需要考虑时间生态学与社会生态学的问题，时间与环境都很重要。

宜人性与效率之间的关系之所以如此模棱两可，可能还存在另外一个原因。那就是太讨人喜欢和太难相处都会让人不成功，中等程度的宜人性才是最好的。换言之，太讨人喜欢的人和太难相处的人效率都很低。有一些证据能够证明这个假设。难相处的人和外向的人有一个共同的特点，那就是过分自信，而过分自信涉及良好人际关系与实现目标之间的权衡取舍问题。想要取得成功，往往就要牺牲良好的人际关系。在人们眼中，自信程度太高或太低的领导都效率不高，只有那些自信程度最适宜的领导者才是最有效率的。研究发现，尽管难相处的人和外向的人都很自信，但他们存在一个重要的差异。难相处的人区分不了重要和不重要的情境与任务，他们无差别地过分自信；而外向者则会对事情是否重要进行细致的区分。[23]

健康与宜人性的关系也很复杂。讨人喜欢的人更有可能建立起社交网络，这对健康非常有益；而难相处的人不仅没有可依靠的亲密的社会纽带，还常因其愤怒、玩世不恭与敌意对健康造成直接的伤害。[24]

关于难相处的人，还有一个与快乐有关的方面也相当有趣。尽管讨人喜欢的人更倾向于表示他们很快乐，但难相处的人却更倾向于在自己表现得不友善时感到快乐。有一个实验，研究者给被试带上寻呼机，然后，在一天随机的时间里“呼叫”被试，并了解他们的情绪状态。研究者发现，相较于在令人愉悦的环境中，在训诫他人时，难相处的人更有可能表达出积极情绪。[25]在第 6 章中我们将进一步探讨敌对行为与心血管风险之间的关系。

## 神经质：所有性格的放大器

神经质，即情绪稳定性是得到最广泛研究的人格维度之一，也是预测幸福各个方面的最关键要素之一。我们知道，尽责性、宜人性与幸福存在着复杂的关系，但神经质维度与幸福的关系却是相当简单直接的。

ME MYSELF AND US

**神经质程度高的人，在许多积极能力上得分是很低的，比如他们的主观幸福感较少，消极情绪比积极情绪多，不善于处理婚姻与人际关系，工作满意度较低，健康状况也不佳。[26]同时，神经质也是其他性格的放大器。**

需要强调的是，这里探讨的不是心理疾病，而是人格的一个维度，普通人分布在这个维度的不同位置上。神经质的核心是对环境中的消极信号很敏感。这种敏感性显然具有神经学基础，与杏仁核[①]的高度敏感有关。在出现威胁时，杏仁核会对有机体发出警告。神经质程度高的人会发现、回想、反复琢磨他们所感知到的威胁、危险和轻慢，而情绪较稳定的人却可能都没有注意到这些事。[27]神经质的人始终会对真实的或想象的威胁保持警惕，因此，他们长期承受着压力，而这会对免疫系统造成挑战，使其更容易生病。[28]他们更有可能出现睡眠障碍，经常生病就医，通常存在更多的健康问题。

尽管对环境中的威胁或危险迹象保持警觉很重要，但神经质的人对此过于敏感，因此，他们患焦虑症、抑郁症的风险更高，自我意识比较强，情感也更脆弱。与之相反，神经质程度低的人，也就是情绪稳定的人会比较坚强，不容易为日常生活中的变迁所伤害。

就其他人格维度而言，神经质同样发挥着重要的作用，可以被视作其他性格的放大器。例如，尽责的人如果同时非常神经质，那他们就会比低神经质的人更认真谨慎，也更易于出现强迫行为。[29]难相处的人如果同时非常神经质，那他们就很可能具有很深的甚至是危险的敌对性。

鉴于具有神经质人格的人普遍存在着问题，因此我们很容易对他们的生活质量和幸福感产生悲观的看法。同时，我们会认为情绪稳定是通往幸福与蓬勃人生的必由之路。但是，让我们再来思考一下这个维度是否两端都存在着代价与裨益。

① 又名“杏仁体”，附着在海马体末端，呈杏仁状，是大脑边缘系统的一部分，是产生情绪和调节情绪、控制学习和记忆的脑部组织。——编者注

思索神经质的进化背景是一件很有趣的事情。30 什么样的选择压力导致了神经质个体的出现？我认为他们的敏感性是问题的关键。尽管敏感性确实会削弱人们的力量，但自人类进化之初以来，它同样发挥着重要的自适应功能。在更新世[①]，人类的人格就开始变得多样化了。当时，我们的祖先狩猎、采集，以大约 30 个人为一个群体共同生活。生存环境充满了挑战，因此对威胁特别敏感的人发挥了重要的作用。他们除了能对群体成员发出可能有危险的警报，还能觉察到捕食者，使自己退避起来；而群体中情绪稳定且比较快乐的人则更有可能遭遇被捕食的危险。尽管如今威胁的性质与那时的已经非常不同了，但威胁依然普遍存在，因此，敏感性依旧对人具有保护作用。

## 开放性：更细腻地体会幸福

对体验的开放性与封闭性指的是接受新观点、新人际关系和新环境的倾向，它与创造力密切相关。

> ME MYSELF AND US
>
> **开放的人往往对艺术与文化感兴趣，偏爱奇异的味道和气味，具有更加复杂的建构世界的方式。而封闭的人则往往抗拒尝试新事物，安于例行公事，对奇异的事物毫无兴趣，也不愿去尝试。**

开放性也适用于情感体验。就像神经质的人一样，开放的人比封闭的人更易于感受到焦虑、抑郁或敌对等消极情绪；但与神经质的人不同的是，开放

---

① 又称为“洪积世”，指距今 2 588 000 年前到 11 700 年前，1839 年，由英国地质学家莱伊尔创用。1846 年，福布斯又将其称为冰川世。——编者注

的人也更易于体验到积极情绪，比如快乐、惊叹和喜悦。[31]

积极情绪的一个特别有趣的例子是感受到审美的“寒战”，它与开放性具有独特而强有力的联系。在听到某段乐曲或看到某件艺术作品时，你是否有过后背汗毛竖起的感觉，即使你的后背非常光洁？我们将这种感受称为“立毛”。如果你经常有这种感觉，那么你很可能对体验具有高度的开放性。[32]

我必须承认，在欣赏音乐时我会发生立毛的现象。大五人格特质具有遗传性，因此我饶有兴趣地发现，我的女儿希拉里不仅像我一样对某类音乐具有感受性，而且连产生反应的音乐片段都与我一样。我们常常会给彼此发一些音乐段落，并预测对方会在什么时候产生审美“寒战”。春季的一天，希拉里买了一张 CD，她确定其中一个片段会让我后背汗毛竖起。而当这个片段在客厅中飘荡时，我的外孙女恰巧走进房间，她打了个哆嗦说：“这里真冷。”当时其实并不冷，有 21℃。我相信她感受到的是审美“寒战”。当希拉里和我看到这种情况时，我们俩又都打了个寒战，我们为我外孙女汗毛竖起而感到了汗毛竖起。

与刚才探讨过的其他人格特质相比，开放性与幸福存在另外一种联系。正如刚才提到的，开放性与积极情绪、消极情绪都有关系，因此，总的说来，开放的人具有更细腻的幸福感。在第 7 章中我们会详细探讨开放性与创造性成就之间的关系，但现在可以暂时简单地说，开放性与努力以及职业上的成功有关，而这些又能促进创新成就。

## 外倾性：看到积极可能性还是消极可能性

在外倾性这个维度上，我想多费些笔墨，因为它和神经质一样，是人格中被研究得最多的重要维度之一，也是对幸福影响最大的维度之一。有段时间，关于内倾、外倾的讨论不绝于耳，这很大程度上是因为苏姗·凯恩（Suan

Cain）出版了《内向性格的竞争力》（*Quiet: The Power of Introverts in a World That Can't Stop Talking*）一书。33 她的核心论点是，在西方国家，尤其是美国，存在一种会造成系统性偏见的外倾性理想，从幼儿园的教室到公司董事会，人们从不赞赏内倾的行为风格。这本书拨动了读者心中的共鸣之弦，而且了解什么特征能将内倾性人格与外倾性人格区别开也是很重要的。就像大五人格中的其他特质一样，外倾性具有中等程度的遗传性。一种生物学模型认为，外倾性上的差异反映了大脑中某个区域唤起程度的差异。

ME MYSELF AND US

**外向的人唤起水平比较低，内向的人唤起水平较高。34 鉴于有效地完成日常任务需要达到最佳的唤起水平，因此，外向的人通常想要提高其唤起水平，而内向者会努力降低其唤起水平。**

在日常互动中，内向者会避免刺激性强的环境，因为他们心里知道，在这种环境中他们的表现会变差。当别人看到他们这种行为时，则常会误以为他们为人孤僻，不爱社交。相反，外向的人喜欢寻求令人激动的环境，因为他们知道自己在激烈、活跃的争论与互动中会表现得更好。

以我的经验来看，这些差异往往体现在人们的驾驶行为中。设想一辆车行驶在高速公路上，车里坐着一个内向的人和一个外向的人。通常开车的是外向者，即使车是那个内向者的。外向者会把车开得很快，因为只有这样他们才能提高唤起水平。但通常他们会开得过快，可能造成车祸或被开罚单。35 我猜想，是为了保持警觉与清醒，外向者才在开车时打电话，甚至同时接打几个电话，尽管法律禁止这样做。而内向的乘客则通常会阴沉着脸看着前方，只希望能安安全全地到达目的地。

在开车的问题上，两者能够相安无事，毕竟这并非零和博弈。不过，开车时关于收音机音量的谈判注定是零和博弈，你的胜利就代表我的失败，反之亦然。外向者会把收音机音量开到110分贝，这已经接近了疼痛阈值，至少对内向者来说是这样。疼痛是一个最关键的词。内向者比外向者对疼痛更敏感，尤其是如果他们兼具神经质的特质时。[36]有一段时间，我辅导孩子足球，虽然水平很糟糕，但我会告诉父母们，如果他们内向的孩子抱怨对方球员不小心踢了自己一脚，不要批评孩子娇气。我认为，外向的孩子其实喜欢时不时地被击打，他们一点也不觉得这是一种折磨。

除了提高或降低环境的刺激水平之外，还可以通过喝饮料来达到最佳唤起水平，饮品会直接影响新皮质的唤起。[37]酒精在一开始就会降低唤起水平。几杯酒下肚后，外向者的唤起水平会比最佳唤起水平更低，而内向者的唤起水平则会向最佳唤起水平靠近，可能会使其出人意料地变成话痨。咖啡因是一种兴奋剂，它具有与酒精相反的作用。在喝下两杯咖啡后，外向者能够更高效地执行任务，而内向者的表现则会变差。如果他们从事的是定量任务且承受着时间压力，那么内向者的缺陷就会被放大。在开会前喝一杯看似无害的咖啡会给内向者带来麻烦，尤其是当会议的目的是速战速决地讨论预算、分析数据或解决其他类似的定量问题时。而在相同的会议上，外向的同事则可能会受益于咖啡因，让内向者误以为他们能力出众。

我们需要记住，大五人格的维度不像迈尔斯－布里格斯人格类型量表那样以“是 / 不是”来进行分类，而是一个连续量表，多数人会获得中间水平的分数。对这部分人，我们常称之为中间性格者，你很可能也是其中一员。

ME MYSELF AND US

**中间性格者的唤起水平始终处于接近最佳水平的位置，介于内向者与外向者之间，而且存在着一种“中间性格者优势”。**

组织心理学家亚当·格兰特（Adam Grant）发现了与常识相反的证据：人们通常认为外向者更适合做销售，但格兰特发现，中间性格者比外向者和内向者更擅长销售。[38] 我猜测，未来的研究将会发现中间性格者在其他领域中的优势。为了保持最佳的唤起水平，我建议中间性格者们饮用爱尔兰咖啡或水。

外倾性上的差异还会影响智力方面的成就。[39] 一般来说，除了小学成绩，内向者的学习成绩通常会比外向者的好，因此到了大学，他们更有可能获得优秀的毕业成绩。为什么会这样？是因为外向者不够聪明吗？研究显示情况并非如此，外向者和内向者在智商方面没有什么差异。我认为，最重要的是学习环境。外向者在令人兴奋、充满吸引力的环境中学得更好，而传统的学校无法提供这样的环境。所以，当我们只考查实验课程时，内向者的这种优势便消失了。不过，小学成绩是个例外，小学时，外向的孩子也能取得优异的成绩。因此，根据孩子在幼儿园或小学的表现，来预测他日后的学习成绩是不明智的做法。

内向者与外向者在智力成就的其他两个领域也存在着显著差异。在短时记忆方面，外向者比内向者好；而在长时记忆方面，则是内向者的表现更好。[40] 在做任务时，有两种不同的策略，其中涉及质量与数量的取舍：快速完成任务，犯一点错误；或者做得慢一点，努力达到尽善尽美。外向者倾向于选择数量，内向者则倾向于选择质量。这些智力与认知方面的差异会导致同事间的冲突，至少是互相翻白眼，尤其是当他们合作开展项目时。内向者喜欢慢慢地、认真地完成任务，认为外向的同事太莽撞、冒失，并想让他们慢下来；外向者则会对内向同事的做事风格大为恼火，想让他们加快速度，赶快把事情做完，即使犯一点小错误也没关系。当这两类人在一起办公时，他们对彼此的不满必将是旷日持久的。

在观察社会交往时，我们很容易发现内向者与外向者之间的区别。他们在非言语的互动方式上差别非常明显，外向者习惯于离得比较近，但说话声音洪亮，且倾向于互相碰触，甚至拥抱；内向者则不太热烈，比较内敛，也较少拥抱。由于存在这些差异，内向者与外向者的互动看起来就像一段奇怪的舞蹈，交替出现一系列的前冲、后退、刺探与反感。

外向者与内向者还具有相反的语言风格。外向者常使用直接、简单、实际的语言；内向者则倾向于字斟句酌，他们的语言比较隐晦、复杂，听起来有些模棱两可，比如“或多或少”“有时”“似乎”。这种差异会在好心的朋友或家人之间造成摩擦，使彼此白眼相向，甚至咬牙切齿。

举一个例子。我曾与一位同事合作处理一份咨询合同。那位同事叫汤姆，我们俩要多不同就有多不同。他身高 1.95 米，而我的个子不算高；他外向，我内向。客户给我们安排了一个财务部的人，他会和我们一起参与这个项目，就称他为迈克尔吧。但迈克尔的人格与做事方式几乎迫使这个项目不得不被终止。当项目已明显出现问题时，客户问汤姆和我对迈克尔的印象。汤姆的回答是典型外向者的回答，而且是完全没有犹豫地就回答了。当问到我对迈克尔的看法时，我停顿了一会儿，然后说：“嗯，在一些人看来，迈克尔有些时候的行为可能有点武断自负。”汤姆翻着眼睛说：“布赖恩，依我看，他就是个混蛋。”内向的人在发表评论时会尽量避免说出最终无法确认的话，因此会语焉不详；而外向者则绝不会拐弯抹角。

外倾性 / 内倾性维度还有助于我们理解动机以及我们审视环境的方式。就像神经质的人对惩罚的暗示很敏感一样，外向者对奖励的暗示和机会也非常敏感；在查看周围的环境时，他们倾向于看到积极的可能性。奖励的暗示对于内向者没有这么大的激励作用，但内向者对惩罚的暗示高度敏感，特别是如果他们同时也很神经质时。虽然看到的是相同的事件，但外向者和内向者解释事件的方式完全不同。

一位儿科医生给我讲过一个这方面的例子，那是我最喜欢的例子。这位医生曾提醒过年轻的妈妈们注意孩子食物过敏的问题。在提醒后的一周内，有两位妈妈来和他讨论她们 18 个月大的孩子的饮食问题。这两位妈妈都提到了孩子对食物的偏好。令人奇怪的是，她们都说自己的孩子非常喜欢番茄酱。在咨询中，第一位妈妈担心的问题是，如果不蘸番茄酱，她的孩子就什么都不肯吃。她担心这种情况说明孩子的肠胃不正常，或者预示着早期赖 - 亨氏综合征，她想知道该怎么做。第二天，医生见到了另一位妈妈，他问道："你的孩子有饮食方面的问题吗？"妈妈回答："没有，那算不上什么问题。"医生又问："没有问题？"妈妈说："绝对没有，只要给孩子一些番茄酱，他什么都吃！"

显而易见，外向者比较镇定并且拥有快乐的生活。如果我们探究积极情绪的程度、生活满意度、生活品质，以及在有利于社交的领域中的成功，那么即使其他方面都一样，外向者也显得生机勃勃。甚至在性行为方面，外向者似乎也处于有利地位。在一项有关每月性生活频率的调查中，内向男性报告的数量为每月 3 次，外向男性报告的数量为每月 5.5 次。内向女性报告的数量为 3.1 次，至于外向的女性，作为一名男性内向者，我不得不说她们真英勇：每月 7.5 次。[41] 她们不仅搞定了所有外向的男性，还顺便捎带解决了几个内向的男性！不过，为了缓解内向男性读者可能因此而产生的担忧，不妨来回忆一下前

文关于质量 / 数量取舍问题的探讨吧。

那么，现在我们应该如何理解苏姗·凯恩提出的问题：在美国的文化中，内向者是否受到了系统化的歧视，而在其他西方国家中，这种歧视的程度是否多少轻微一些？在某些方面，内向者确实受到了忽视。正如凯恩所详细描述的那样，许多课堂都设计了团体活动，而这不利于内向的孩子。许多商业管理及相关领域的学校也都鼓励快速、强烈、喧闹的外向互动风格。由于内向者承受着各种各样的压力，他们是否已经开始相信幸福的生活只与外向者有关？总的说来，我认为凯恩的结论引人注目且很有说服力。她呼吁意识的改变，而这种改变会像几十年前女性被赋予权利一样，为内向者赋予权利。

然而，这里应该提及的一个问题是，尽管外倾性 / 内倾性是一个特别重要的人格特质维度，但它只是人格研究者确立的五大人格特质之一。设想有两个外向的人，他们在人格特质的其他四个维度或部分维度上是不同的。开放、讨人喜欢且情绪稳定的外向者与封闭、难相处且神经质的外向者几乎是完全不同的生物。总之，当讨论人格时，必须考虑到外倾性以外的特质。

现在来看一看，在演讲前，面对一个像黛比这样难以应对又自我标榜为外向者的人，我们之间的动态关系是怎样的。尽管有多年做大型演讲的经验，但作为一个内向的人，在演讲前我通常需要降低唤起水平。一般来说，我会散散步或在演讲大厅以外的房间里安静地检查讲稿。因此，当大个头的黛比在我上台三分钟前跳上讲台时，我的唤起水平开始升高。另外，她还表现出一种大多数外向者都认为相当令人愉快的率直，但对当时的我来说，那既无厘头又放肆，因为我是一个尽责的内向者，并不会搞坏影音设备。因此，黛比的行为引起了我唤起水平的暂时升高。而且，黛比显然是迈尔斯 - 布里格斯人格类型量表的发烧友，我却坚决反对把人严格区分成不同的类型，反对人格特质像石膏一样稳定不变的说法。我相信人们有能力根据日常要求来调整人格，通过有利于事情发展的方式来表现出社会自我。我认为威廉·詹姆斯只说对了一半，人类只有一半是稳定不变的。我断定，黛比不会同意我的这种看法。

不过，这次我搞错了。当听众一一落座，而黛比和我拾掇好影音设备的时候，她转过头来，温柔地说："我是不是吓到你了？"然后以一种密谋般的耳语告诉我，许多年前她上过我的课，刚才只是在跟我开个小玩笑。当她转过身走下讲台时，我清楚地看到她 T 恤的背后印着四个淡蓝色的字母：ISTP，即内倾、感觉、思维、理解，与正面的字母恰好相反。她知道我在讲演中会讲些什么。我想说服听众，就像我现在想要说服你一样，人格特质是健康、幸福与成功重要而稳定的决定性因素。但接下来我会改变这种认识，让听众了解一个秘密，而这个秘密我会在下一章揭开。

在大五人格维度上的分数不会影响你的幸福与成就。你的人格特质具有遗传基础，在一段时间内是比较稳定的，但这是否意味着天生的人格特质会限制你塑造人生的自由程度？是否可以说做出改变的尝试都是徒劳无益的呢？让我们在下一章进行讨论。

# 自由特质：跳出对自己的固有认知

ME MYSELF AND US

**如果一个本性内向的人，由于工作原因需长期伪装得很外向，以下哪种说法是正确？**

A. 随着时间推移，他会变成一个外向的人；

B. 相较于表现得内向，表现得外向会让他更成功；

C. 对他来说，做出这种改变非常简单；

D. 长期如此，他在生理和心理方面会受到损害；

E. 他应该尽快找到属于自己的具有复原能力的小生境。

扫码做题，获取答案及解析。

> 有时候我那么不像自己，以至于会被认为是与我性格完全相反的另一个人。
>
> ——让－雅克·卢梭：《忏悔录》

> 我早已领教过那些眼睛，所有那些眼睛
> 那些说一句客套话就盯着你看的眼睛，
> 如果我被客套制住了，在钉上伸开四肢，
> 在墙上挣扎扭动，
> 我该如何开始
> 吐出我的岁月和习惯的残余？
> 我该如何断言？
>
> ——T.S. 艾略特：《J. 阿尔弗瑞德·普鲁弗洛克的情歌》

到目前为止，我一直在试图让你相信你也是一位科学家，在用自己的一套工作理论或建构主动解释你的世界。在探索新环境、新关系以及新的自我表述时，这些建构给予你一些关于自己的稳定看法。你能够对这些建构主动进行修订，而修订后的建构也会给予你更多或更少的自由，以适应新的挑战。在上一章中，我们探讨了熟悉的心理学领域的概念，即稳定的人格特质。现在，我们将转向挑战这一主张的视角，探究人格特质中更自由的方面。

## 没有人的人格是绝对稳定不变的

当我在亚利桑那州登上讲台，准备发表主题演讲时，发生了熟悉的转换：我从天生的内向人格转化成了非常不同的人格特质。毕竟在早上 8：35，听众们绝对不想听到一个内向者笨嘴拙舌的、犹豫不决的演讲，尤其是在经历了前一天晚上充满激情的畅饮之后。即使是内向者，一定也想听点能够提升他们唤起水平、让他们全情投入的东西。因此，作为听众中的一员，如果有人在演讲最初的几分钟里问你利特尔教授是怎样一个人时，你可能会说他是一个情绪激昂的外向者。但我更了解自己——我是一个内向者。又或者，我真的比别人更了解自己吗？得克萨斯大学的萨姆·戈斯林教授在一篇文章中，准确地提出了这个问题。

> 当你与他人发生分歧时，可能是因为这里是盲点，你看不到真实的自己。但也可能表示它是个人地段，在这里你比其他人更能准确地认识自己。以布赖恩·利特尔教授为例，他在哈佛大学教授人格心理学，讲课讲得精彩极了。据听过他课的人说，在课堂上，他口若悬河、滔滔不绝、热情洋溢，充满了活力。因此，不足为奇的是，学生们普遍都认为他是一位热情澎湃的外向者。然而，利特尔对此并不赞同，他坚称这一切都是为了做一个好老师而表演出来的。我们应该相信他吗？会不会有可能外向是他的一个盲点？[1]

我有盲点？可能吧。不过萨姆是我的朋友，他非常了解我，他在文章中解释了我人格中的一些方面，这有助于理解为什么我的学生和听众会误解我。当然，我这种情况并不少见，很多人会做出导致他人误解其稳定的人格特质的行为，心理学家称之为“反性格”行为。对此，我提出了一个理论，解释人们为什么这样做、如何做，以及为什么它会对人们的幸福产生重要影响。2

下面，我来介绍一下这一理论的基本观点。

ME MYSELF AND US

**人格具有内在现实与外在现实。内在现实包含着人们打算做的事情，即人们在某个时间要追求的个人计划；而人们有意识或无意识地形成的对他人的看法则构成了外在现实。**

正是在这两种现实的联系中，我们的人格被建构出来，受到挑战并被重构。当探究它们的联系时，我们会看到各种各样奇怪的行为。比如说，一直努力表现出稳定性格的神经质者可能会“泄露”出他们的神经质，又比如一个好人为了补偿他同伴前一天晚上受的侮辱，可能会在酒吧里做出十足混蛋的行为。内向的哈佛教授在登上讲台时会变成“伪外向者”。但正如萨姆注意到的，下课后，激情四射的教授会躲进厕所里，降低他的唤起水平。其中发生了什么，为什么这会对我们的幸福具有重要影响？

在上一章中，我们探讨了稳定的人格特质与快乐、健康、成就等幸福的要素之间的关系。从这个意义上说，在稳定的人格特质方面，个人差异是真实存在的，而且意义重大。不过有些人可能会质疑这种理解人格的方法。难道人格不完全取决于情境吗？难道背景不重要吗？难道稳定的人格特质不只是一个神话吗？

以上每个问题的回答都是“是的”，但具有严格的限制条件。显而易见，相比在葬礼上，人们在派对上会表现得更外向；相对于给朋友发短信，人们在报税时会更认真谨慎。然而特质理论与此并不矛盾。特质的平均水平确实会因情境的不同而不同，但特质表达的等级顺序却是非常稳定的，也就是说，在特定情境中你的人格特质与其他人的人格特质的相对关系是很稳定的。[3]比如说，小学时的调皮蛋在30年后会变得不那么顽皮，而他的大多数同学同样也会降低外倾性水平。在同学聚会时，他依然是个喜欢搞笑的人，只是他的玩笑变得更有品位，更有分寸，更成熟了，但他仍然是个十足的外向者。

尽管每个人，包括你，在派对上都会倾向于表现得外向，但真正的外向者则更倾向于表现得特别开朗，特别话痨，在内向者看来这可能几乎已经达到了令人讨厌的程度。相比之下，内向者表现出的外向是有节制的、相对的，而且不会过分；最内向的人甚至可能会表达出那天晚上或以后的任何晚上都不去参加派对的想法。

现在，你可能对特质理论产生了另一种担忧。你可能认为人格特质中存在一些可预测的特点，各种行为的本质与认为人格特质稳定且持久的特点是一致的。但是，当人们做出完全不同于他们基本性格的行为时，你是否也会有疑惑呢？比如在派对上，如果内向者不仅仅是适度外向，而是几近疯狂，该怎么解释？或者，在感恩节前后的几天里，如果一个平常特别难相处的人突然变得情绪平稳，而且亲切到令家人都感到疑惑不解，又该如何解释？

我们来深入探讨一下下面这两个例子。马库斯是一个外倾的内向者；斯蒂芬妮是一个时而甜蜜可人，时而暴躁易怒的出版人。[4]

马库斯是一个多元的人。在蒙特利尔的独立音乐人圈子里，他是出了名的享乐主义者，喜欢追求刺激，而且极其外向热情。他既是一位音乐人，也是一位演出经理，能够把房间里的气氛搞得很活跃、很快乐。通常，只要他走进房间，气氛就热闹起来了。但是马库斯也有另外一面。他常常对成为焦点避之唯恐不及，离群索居，躲起来阅读严肃的哲学书，表现得像一个彻头彻尾的内向者。雪夜里，在完成工作，离开位于蒙特利尔老城区的工作室之后，独自走在僻静的小巷中，他会感到心力交瘁。哪一个是真正的马库斯？

斯蒂芬妮是一个令人畏惧的女人。她在曼哈顿的出版行业工作，在同事眼里，她强硬冷酷、严厉刻薄，对他人的缺点和过失毫不留情。她承认自己脾气不好，而且对这样的评价多少有些骄傲。但有时她也会做出与这些评价完全相反的行为，比如在那段感恩节前后的时间里，她表现出完全不符合其性格的友善和温柔。哪一个才是真正的斯蒂芬妮？

## 左右人行为的三种来源

### 生物来源：人格特质“自然的”表达

我们可以把日常行为看作对三种不同动机来源的表达。第一种是生物来源：它源自遗传，它的影响来自大脑结构，以及迅速发展的人格神经科学所研究的变化过程。[5]生物学动机源自马库斯和斯蒂芬妮从一出生便具有的气质与性格。在新生儿病房中，我们便能发现这类人格特征。比如说，如果你在新生儿身边弄出非常吵闹的声音，他们会有什么反应？有些新生儿会转向发出响声的方向，有些则会扭头避开。那些被响声吸引的新生儿日后通常会成长为外向者，而那些避开响声的新生儿则更可能成长为内向者。[6]

想要在生物来源水平上评估外倾性，有一种有趣的非正式方法，即柠檬汁测试。这个测试有多种变体，在这里介绍一下我常常用来给本科生测试的程序。[7]以下是所需的材料：一支滴管、一根棉签（选两端都有棉花的那种）、一根线、浓缩柠檬汁（普通的柠檬汁效果不够好）和自愿做测试的人（比如你）。把线系在棉签中间，让棉签水平悬吊着。做 4 次吞咽动作，然后把棉签的一端放在舌头上，含住 20 秒。接着，在舌头上滴 5 滴浓缩柠檬汁，吞咽。然后把棉签的另一端放在舌头相同的部位并含住 20 秒。接下来，提起系在棉签上的线。有些人的棉签会继续保持水平，另一些人的棉签，有柠檬汁的一端则会下沉。

你能猜到这两种情况与内向者和外向者是如何对应的吗？外向者的棉签会继续保持水平，内向者的棉签则会一端下沉。因为内向者长期处于较高的唤醒状态，因此对强刺激，比如浓缩柠檬汁的反应更剧烈，会产生更多唾液；而外向者对强刺激的反应不那么剧烈，因此唾液分泌相对较少。事实上，有证据显示，正是因为外向者的唾液分泌水平偏低，所以他们比内向者更容易患龋齿。[8] 这个测试我做了很多次，每一次棉签都沉得很低。至少根据这个标准来看，在生物来源上，我是一个内向者。我猜想，马库斯的唾液分泌也会很旺盛。

大五人格的每一个维度都可以从生物来源的角度评估。[9] 例如，越来越多的证据证明，讨人喜欢的人催产素水平较高，这是一种会在分娩、哺乳、性高潮和其他亲密行为时分泌的神经肽。化验血液或唾液能够检测催产素的水平，目前有大量研究在探索什么基因与催产素的分泌调节有关。让我们来看一看亚历克斯·科根（Alex Kogan）及其同事所做的一个有趣的研究。[10]

在加州大学伯克利分校的实验室中，研究者请一些伴侣彼此探讨令他们担忧或苦恼的问题。研究者把他们的交流录下来，并且评定他们是否具有一种可以控制催产素表达的基因。然后，研究者让陌生人观看 20 秒钟的录像，并对被试在倾听伴侣诉说时所表现出来的同情与关怀进行评分。结果显示，具有催产素基因变异体的被试显然更有可能被认为富有同情心，并且和蔼可亲。

从理论上讲，我们可以猜想，在生物来源上很难相处的斯蒂芬妮在倾听前夫谈论他的问题时，会表现得冷漠而无同情心。如果让她在试管里吐口唾沫，以检测她是否缺乏催产素基因的变异体，她也不会很热心、不会很配合。

人们所谓的“自然的”反应，其实就是行为方式直接受生物源因素影响的倾向。当生物源上的外向者做出外向的行为，或生物源上的令人讨厌的人做出令人讨厌的行为时，我们似乎可以说他们在顺其自然，但这绝不是表达天性的唯一方式。

## 社会来源：情境中“恰当的”行为

人们的行为方式还会受到社会因素的深刻影响，这些影响来自人们社会化的过程，以及对文化代码、规范和期望的学习。人们可以毫不费力地表现出一些受到社会因素强烈影响的行为，因为在人的一生中，它们都被作为各种情境中的恰当行为而不断被强化。内倾与外倾的行为风格既具有生物方面的原因，也具有社会方面的原因。对外倾行为的重要性与接受度的强调，不同的文化之间存在着差异。[11] 例如美国文化就非常重视外倾性。苏姗·凯恩的著作《内向性格的竞争力》呼吁人们认识到这种固有的文化偏见，提倡在生物因素与社会因素之间寻求人格发展的更宽泛的选择。

与美国的外倾性理想相反，也有一些文化更强调内倾。例如，在一些亚洲国家，其社会规范鼓励儿童不要过分突出，而应该安静地融入群体。以极端的西方视角看，这种规范会被视作一种打地鼠的观点，也就是抑制那些冒险出头的人，奖励那些始终低头静默的人。

这种文化和规范的差异，对跨文化的沟通具有重大影响。[12] 设想，当一群非常外向的美国谈判者遇到一群非常内向的亚洲谈判者时，会发生什么。因为双方的社会规范在如何站立、做手势以及表达自己看法等方面具有重大差异，所以谈判成功的可能性就会大打折扣。高层谈判者非常清楚这些沟通障碍，因此他们会参加一些精心设计的课程，学习如何与来自其他文化的个人或群体进行有效互动。显然，来自其他文化的谈判者也会参加同样类型的课程。美国人学习像亚洲人那样交流，亚洲人学习像美国人那样交流。结果可能令人吃惊：在谈判桌上，美国人变得礼貌、正式、保守而沉默寡言；亚洲人则变得精神抖擞，互相拍着后背，动作幅度夸张。也就是说，善意可能会给彼此造成严重的困惑。

在大五人格的其他特质中，比如在宜人性和尽责性中，也能看到类似的文化差异。在有些文化中，抱怨是很正常的行为，而在另一些文化中，行为准则是“忍耐，保持礼貌”。有些文化鼓励坚韧不拔地追求目标，有些文化则崇尚放松，享受生活，喜笑颜开地面对每一天。从某种程度上说，像生物倾向影响下的行为一样，人们受社会因素影响而做出行为一样是自然的。文化的影响既深远又普遍，遵守社会文化规范会得到奖励，违背社会习俗则会付出代价。

人们的第一天性生物性与第二天性社会性可能是相互矛盾的。比如说，一个人的生物源特质可能是非常自信，总想引人注目的，但文化规范却强调默默无闻，或者父母对他的行为很恼火，要求他“别丢人现眼，让全家人蒙羞”。相反，如果一个拥有同样特质的人的家庭的座右铭是“加油，你真棒”，那么，同样的鲁莽行为可能非但不会受到指责，反而会受到家人的热情鼓励。

我们再来探讨一下斯蒂芬妮和马库斯。斯蒂芬妮的人格可以用她成长过程中受到的社会影响来解释。她成长于一种崇尚自信和坚持自己立场的文化中，虽然现在她周围许多人都认为这种行为很无礼、令人讨厌。在人生早期，她习得了这种行为方式，并且在全家搬到纽约后也一直实践着。她的生物源特质就是脾气差、难相处的，社会因素的影响只是放大了她的这种特质。这就是为什么在感恩节假期里，她的亲切显得特别令人吃惊。

在某种程度上，马库斯的人格也可以用社会影响来解释。3 个月大时，马库斯被一个喧闹外向、热情洋溢的法裔加拿大家庭收养。与斯蒂芬妮不同，他是一个生物源的内向者，但在人格发展的过程中，他找到了将两种影响源融合在一起的方法。

## 特有来源：行为背后“真正的”原因

除了生物来源和社会来源会对动机产生影响，还存在另外一种因素会影响人们的日常行为，我称之为特有动机（idiogenic motives）。[13] 特有动机指的是人们在日常生活中追求的目标、抱负、承诺和个人计划，其来源是特异而独特的。利用生物来源的解释，我们可以把某人的行为看作人格特质的自然表露。利用社会来源的解释，我们可以把同样的行为看作社会规范的自然结果。然而，通过特有动机，我们能够探寻一个人为什么会做出某种行为。

餐馆里那个反复把牛排退回去的家伙想要达到什么个人目标？是什么使马库斯在蒙特利尔的那个雪夜产生了那种行为？怎么解释斯蒂芬妮在感恩节假日里做出有违生物学天性与社会性后天教养的行为？要回答这些问题，我们需要更深入地了解个人计划，以及“自由的人格特质”的理念。

个人计划是日常生活的素材，既可以是非常微不足道的追求，如遛狗，也可以是重要的人生抱负。在第 9 章和第 10 章中，我会详细探讨个人计划如何直接影响着幸福感的提升和降低。现在，我要重点探讨，在做出震惊他人甚至是自己的行为时，为什么个人计划至关重要。

拿斯蒂芬妮来说，我们知道她是一个非常不招人喜欢的人。她在宜人性上的得分很低，而且已经适应了争强好斗的文化。出版社的同事、家人、朋友以及她的前夫都习惯了她无礼的举止，因此，感恩节时斯蒂芬妮出人意料的亲切让每个人都大吃一惊。

当时，她的家人所不知道的是，感恩节后斯蒂芬妮就要前往澳大利亚，上司安排她去那里管理一家新公司。这项任务为期三年，其间，斯蒂芬妮不太可能常往返于纽约和澳大利亚之间。当时她的女儿已经怀孕 6 个月了，孩子出生时，她一定还远在悉尼。参加感恩节家庭聚会的，还有斯蒂芬妮的养子和父母，他们都是温顺、体贴而友善的人，而斯蒂芬妮知道，他们都将自己视为保持节日聚会时愉快气氛的一个令人烦恼的障碍。在经过深入的反思后，斯蒂芬妮决定改变她与家人的关系。尽管这只是一个模糊的构想，但她由此形成了个人计划，那就是“做一个更有爱的妈妈”，这推动并支持她做出了令人愉快的行为。如果一个不认识斯蒂芬妮的人看到她在那年感恩节晚餐上的举止，一定会认为她是个非常亲切和蔼的人。我把这种行为称为自由人格特质的展现，它们不同于相对稳定的人格特质。

马库斯追求的个人计划也使他展现出了自由的人格特质。尽管从生物来源上看，他是一个内向者，但他具有成为音乐制作人的热情。这不需要费很大的力气，因为他可以沉浸在自己的音乐中，而不用在意周围的人。但他很快就发现，作为一个能让演出变得精彩绝伦或创作出独立音乐唱片的天才，他参加的很多社交活动经常会持续到凌晨，这让他感到很吃力。几乎每个人都认为他是一个外向的人，但实际上，他是一个伪外向者。也就是说，为了促进对他具有重要意义的个人计划的开展，他采用了接受社会因素影响的剧本，尽管从生物来源上看，他是一个内向者。

人们为什么会做出体现自由人格特质的行为？原因有很多，但其中有两个特别重要，那就是爱和职业精神。虽然斯蒂芬妮脾气很糟糕，但她非常爱自己的家庭，做出不符合其性格的行为比默认选择，即顺应生物性的自我，更能表达出她的爱。马库斯是一位技艺高超的专业人士，而他的职业要求他与其他音乐人及其赞助人建立友好关系并鼓励他们。这正是他经常表现出来的职业精神，而他的生物天性静静地隐匿在背后。这类行为体现了他的特点，也使他在音乐界享有良好的声誉。这是马库斯独一无二的典型特征。

## 自由改变人格，是每个人都拥有的能力

鉴于日常行为存在三种不同的动机来源，那么，说一个人正表现出自然的行为意味着什么？基于生物源特质的行为显然是自然的行为，因为它们直接反映了人们的生物需求和稳定的偏好。所以斯蒂芬妮说出讽刺性的评论，打断同事谈话的行为并不令人吃惊，因为对她来说，这种行为很自然。那么，这是不是意味着她在感恩节期间的行为是不自然、不真诚或虚伪的呢？不一定。

ME MYSELF AND US

**“出于性格的行为”指的是，为了追求核心个人计划而表现出的与平常不同的行为。** 14

关于出于性格的行为，可以用两种方式来解释，而且这两种方式都非常有道理。第一种解释是人们做出了出乎大家意料的行为。当我们说斯蒂芬妮和马库斯做出了出于性格的行为时，指的便是这个含义。第二种解释是“因为……而做出某种行为”，比如“他出于恶意刁难而把牛排退了回去”，或者“她出于

同情而这样做”。因此，虽然“出于性格的行为”有两种含义，但这两种含义都是解释行为模式的有效方法。当我们说一个人做出了出于性格的行为时，既意味着他做出了与我们预期不一致的行为，也意味着他因为性格的某些方面原因，因为想要达到的某些价值而做出了这样的行为。

来看一个例子。想象你是一位母亲，有一个6岁的女儿。你正在为女儿举办生日派对，她有15个朋友来参加派对。再想象从生物源的角度来说，你非常内向，但你渴望女儿拥有一个超级棒的生日派对，这是你的核心价值。不得不承认，对一个内向的妈妈来说，你很难毫不费力地在派对上搞笑、玩游戏。但是你做到了，派对上的每个人都玩得很开心。

这是虚伪的吗？不是。这是在假装吗？当然也不是。但是，到4点钟时，当一些父母来接自己的孩子时，他们会说你的行为是出于性格的行为，而且指的就是第一种含义。因为在家长会和社区活动中，你总是很安静，很顺从，但那天下午你变得热情洋溢，欢快活跃，让孩子们很开心，这让孩子们的父母大吃一惊。但其实，你也在执行一个个人计划，即给女儿一个超级棒的生日派对，它的基础就是你的核心价值——做一个好妈妈。因此，你的行为也是第二种意义上的出于性格的行为。

这把我们带回到有关表达天性的问题上。当看到一个男人在KTV咆哮地唱着《你觉得我性感吗》（*Do You Think I'm Sexy*）时，我们会怎么看待他？通常，我们会认为他就是这时他所表现出来的这样的人，他是在自然地做出行为，也就是说，我们认为他是一个天生的外向者。用本章的术语来说就是，他忠实地体现了自己的生物源人格特质。但一个人在孩子的生日派对上表现得友善、情感丰富，尽管我们知道她是一个天生的内向者，可如果我们说这也是自然的行为，是不是同样讲得通呢？要知道，这是她深爱的女儿的生日派对，她当然可以采用众所周知的受社会因素影响的剧本来表达这份爱，这样做是再自然不过的了。

因此，我要强调三种具有潜在冲突性的忠诚形式：忠于某人的生物倾向，忠于某人的文化传统，以及忠于某人的核心个人计划。从各自的意义上讲，每一种形式都是自然的，它们被艺术化地编入了人们的生活，并对人们的健康与幸福具有重要的影响。所以，当你反思自己的生活时，一个很重要的做法是问一问自己以下三个问题：通过追求个人目标和表现出自由的人格特质，我能获得什么？我出于性格的行为的动力是什么？可能付出的代价是什么？

## 出于性格的行为，是武器，也是毒药

采取自由的人格特质有助于推动个人计划的进展，能给你的人生带来意义。尽管可能性不大，但只靠生物学天性来引导人生确实也有可能是一种令人满意的策略。的确，那些天生开放、尽责、外倾、宜人、情绪稳定的人，在看重这些性格的社会中会如鱼得水，而那些具有相反特质的人则可能生活得不太快乐。但是面对生活抛出的挑战，每一个人都可能会需要改变自己的方向，违背源于生物基础的稳定的人格特质，采用自由的人格特质。

以自由人格特质引导自己的行为还有助于使人得到自我超越。当斯蒂芬妮表现得亲切并履行承诺时，她得到了扩展；当马库斯进行公关，与他人达成交易并使独立音乐乐坛发生改变时，他超越了自己。

不过，有时采取自由的人格特质或做出不符合性格的行为，也会让人们付出代价。为了理解付出代价的原因，我们首先需要了解，随着时间的推移，稳定的特质与自由的特质会如何逐渐减弱。

## 适应环境，有时需抑制生物源特质

我认为，长时间地通过自由特质做出与性格不符的行为，会造成身体和心理上的损害。许多研究文献都为这一观点提供了证据。

> ME MYSELF AND US
>
> **日常生活中的情境和环境对人们的生活品质有重要的影响。人们的生物源特质越适合环境特质，生活便会越幸福；而长期做出不符合性格的行为则会对身心健康造成损害。**

环境的一个作用是为人们的个人计划提供恰当的资源。研究显示，如果人们正在开展的个人计划涉及大量社交活动，那么，友善、好交际的人会更快乐。[15] 关于这一点，有一个令我印象非常深刻的例子，也就是我以前的学生彼得在寻求人格与环境匹配度的过程中所经历的事情。

20 世纪 60 年代末，我在牛津大学教授心理学实验课。彼得拿着本书中介绍过的几个人格量表来找我，告诉我他在外倾性量表上，得到了一个人所能得到的最高分。但在来牛津大学之前，他在比利时一家修道院里做了一段时间的修道士。在那里，他发誓要保持沉默。从生物源性格与环境相匹配的角度看，这对他来说真不是一个有前途的职业。从自由特质的角度看，我估计由于长期采取有违天性的行为，他一直在消耗自己，并且感到自己难以为继了。而我要高兴地告诉你们，最终，彼得成了一名成功的教育学教授，在这份职业上，他的性格和与人交往的需求以及人际交往带来的兴奋感很好地匹配在了一起。

因此，生物源性格与日常生活情境的一致性能够提升人们的表现和幸福感，而这两者严重的不匹配则会给人们带来风险。例如，脾气非常糟糕的人更有可能成为优秀的收账人，而不是优秀的顾问。对各种体验持开放态度的人更适合生活在纽约市的一些“村庄”里，而不是北达科他州南部的郊区。不过，在第 8 章，我会谈到一个令人震惊的法戈因素。

如果你所处的环境无法提供充足的资源，用以满足你的性格或推进你的计划，那该怎么办？你可以像彼得一样，离开那个环境，以全新的方式生活。你还可以在不适合的环境中创造出小生境①来改变环境，当然，想要在本笃会修道院②内创立快闪族的星期五餐厅绝对是一个非常大的挑战。但是，你还可以做一些触及自由特质理念核心的事情，比如你可以改变自己的风格。

有一项研究以非常有趣的方式解释了这种可能性，它提出了以下这个问题：在大学四年的学习过程中，学生们的大五人格特质是否会发生改变？在加州大学伯克利分校实施的一项纵向研究中，研究者发现，在大学四年期间，学生们的人格确实发生了显著改变。或许你会感到吃惊，因为研究表明，在大学四年中，学生们变得越来越难相处了；同时，他们的神经质程度降低了。这是一种什么样的改变？16

我认为，这种改变反映了对高度竞争性的、要求严格的学术环境的适应，学生需要适应这种环境所鼓励的批判与挑战传统的能力。研究结果可能还反映了有些学生发生的深层的、本质性的人格改变。但从自由特质的角度来看，研究所检测的改变更有可能是策略性的，而不是根本的生物源的改变，也就是说，这种改变更多的是自由特质的展现，而非持久特质的改变。驱动学生产生这种

① 生物学概念，生境是生物栖息的场所，小生境是一种生物在生态系统中的行为和所处的地位。——编者注

② 这里是用了彼得的例子，指彼得曾待过的那家比利时修道院，这句话意在说明在不适合的环境创造小生境并不容易。——编者注

改变的个人计划可能是“要给教授留下深刻印象”或者“争取被推荐到一所非常棒的研究生院进行深造”等。

如果从自由特质的角度来解释这一结果，我们还会看到另一种关系。生物源特质与自由特质之间的差异越大，这种转变便越难发生。在加州大学伯克利分校，与冷静、沉着、善于批评的学生相比，那些容易动感情、讨人喜欢的大一学生更难实现高年级时需要做出的转变。

另一项针对大学生的研究也说明，为了适应环境的需要，人们能暂时抑制自己的生物源倾向。在大学的第一个学期，研究者对这些学生进行了评估。[17]研究者让学生们将其个人计划列成一张清单，并将这些个人计划归入这个发展阶段典型的人生任务中。对大一学生来说，两个最主要的人生任务分别是搞好学业，以及创建能带来回报的新的社交生活。或者就像鲍勃·霍根说的那样，这个人生阶段的两项主要任务分别是与人相处融洽和获得成功。

这两个个人计划中，根据哪个能更好地预测出第一学期中获得的成功与幸福呢？结果显示，这并非一个计划优先于另一个计划的问题，相反，其中存在着一个动态的过程，完全取决于时间控制。

一开始就在社交计划上投入太多时间和精力而没有重视学业的学生，在第一学期不会顺风顺水，但只专注于学业的学生过得也不好。在第一个学期中获得成功的学生，是那些一开始把社交计划列为优先事项，然后转而投入到学业计划中的学生。在学期末巨大的学习压力下，那些一开始就建立起社交网络的学生可以把社交网络作为宝贵资源，加以充分利用。

需要注意的是，学生是倾向于将学业计划还是社交计划置于优先地位，与生物源人格特质有关：尽责性与开放性程度高的学生倾向于将学业计划置于优先地位，宜人性和外倾性程度高的学生则倾向于将社交计划置于优先地位。这说明，在学期初建立朋友圈时，好社交、友善开朗的学生会如鱼得水，但一段时间后，当学术压力增大时，他们就需要抑制外向的脾性了。10 月中旬[①]的夜晚，如果我们走在校园里，很可能会看到他们正在图书馆里表现出与性格不符的行为，他们成了伪内向者，不再热衷于和朋友们交往，而是埋头苦读，争取考出好成绩。

## 忍耐：假装的代价

你是否想过，工作十来年后，空姐会不会变得更加暴躁？多年来，根据航空公司的训练手册，空姐一直被要求管理好自己的情绪，摆出一副笑脸：强制性的微笑是职业要求。无论感到多烦，多紧张或多气恼，空姐都必须忍耐，勉强地露出标准的微笑，同时要涂上唇膏，踩着高高的高跟鞋，庄严地承诺不会让自己的身高缩水到 1.58 米以下。近年来，这类限制已经有所松动，当然，有些航空公司依然要求空姐在为乘客提供美味的椒盐脆饼和指导乘客系安全带时，要面带微笑。

对一些天生就友善开朗的空姐来说，这种职业要求符合她们的生物源特质，不会产生什么消极的后果。但对那些需要压抑生物源特质的空姐来说，她们可能就需要做出一些牺牲了。18

对于那些长期压抑自己的生物源特质而采用自由特质的人，有一篇有趣的研究文献提出了严重的警告。该文献的核心观点是，压抑会导致自主神经系统的唤起，如果这种唤起持续的时间很长，便会对健康造成损害。例如，杰米·彭

① 美国大学多实行三学期制，秋季学期是从 8 月份开学到 12 月份结束，所以 10 月中旬已经是学期中。——编者注

尼贝克（Jamie Pennebaker）和他的同事发现，将一些重要的事情，比如将童年非常不愉快的事件压抑着的学生，自主神经系统的唤起水平会长期保持较高水平，他们比那些不压抑重要事情的学生更容易出现健康问题。[19]

彭尼贝克还发现，如果一个人通过书写或与他人交谈的方式把被压抑的事情释放出来，那么，自主神经系统的唤起情况就会发生有趣的变化。首先，在释放出来的时候，唤起水平会迅速降低，毕竟说出一直压抑在心里的事并不容易。其次，在释放之后，唤起水平不仅会降低到之前的水平，其实还会比释放之前的水平更低。能把压抑的事情释放出来的人会更健康，从某种程度上来说，这也是因为免疫系统的功能得到了改善。[20]

我认为，当人们长期采取自由特质行为时，便可能会发生损害健康的情况。例如，一位在法律事务所工作的女性，她的生物源特质非常和蔼友善，但职业要求她必须压抑自己的亲和与友善，要表现得咄咄逼人。她可能会因此而感受到自主神经系统唤起的特征，比如心率加快、出汗、肌肉紧张和比较强烈的惊吓反应。如果律师事务所的文化不鼓励你谈论这样的问题，认为发泄是缺乏职业精神的表现，那么由此造成的危害就会特别大。又比如说，如果音乐人马库斯从不向任何人吐露自己的需要，即暂时摆脱音乐界永不停止的宴饮交际，那么，在蒙特利尔僻静的小巷里，他一定会感到精疲力竭。

压抑生物源特质还会造成另一种扭曲。丹·韦格纳（Dan Wegner）曾做过一个有趣的研究。经典例子是“不要想白熊”，这个研究有力地证明了压抑一个想法会激起他所说的“矛盾历程”。[21]想要压抑某个想法，例如不去想白熊，就要在脑海中形成试图压抑的事物即白熊的表征，这会使人进入到高度警觉的状态，耗尽人们的认知资源，反而使被压抑的想法再次出现。总之，不去想白熊反而会让你总想着白熊。如果读了这段文字，你苦恼地发现没办法把白熊从你的脑海中赶出去，那么，我建议你试着不去想绿色的猫。

当我们努力去做出有违性格的行为，也就是自由特质的行为时，也会发生相同的反应。比如说，当马库斯为演奏会而进行令人激动的谈判时，他可能会在某些细节上泄露出一点内向的特质，比如在振振有词、侃侃而谈中的短暂停顿，或与对面强势的擅长娱乐圈业务的律师交换眼神时的一丝躲闪。斯蒂芬妮也会发现，虽然她承诺要为家人带来幸福，但她依然因为不喜欢女儿给未出世的宝宝起的名字，而在深夜给女儿发的电子邮件中发火了。现在，她真的很希望没有发那封邮件，虽然小诺亚日后会感激她让自己没有被取名为格里米利。

## 自我充电：找到具有复原作用的小生境

人们是否能做些什么以减少不符合性格的行为所带来的潜在损害？当然，可以做的一件事就是为自己找到具有复原作用的小生境。

ME MYSELF AND US

**具有复原作用的小生境指的是一个可以让自己暂时获得喘息的地方，在这里，你可以避免采取自由特质的行为造成的心理损害，放纵生物源的第一特质。**

以下是我的亲身经历。我是一个天生的内向者，很容易不堪社交的重负，对各种形式的社会刺激都很敏感。这并不是说我不喜欢那样的刺激，而是说在那样的情境中我的表现会变差。多年来，我经常访问魁北克圣－让－苏黎塞留市（St. Jean sur Richelieu）的皇家军事学院。在那里，我会给军官们讲授理解人格的艺术与科学。

通常，我会在演讲的前一天晚上开车抵达学院，和他们相处一整天，上午讲 3 个小时，下午再讲 3 个小时。我的核心个人计划之一是全身心地与学生互动，无论他们是大二学生、四星上将，还是其他什么人。为了与听众充分交流，我必须以快节奏进行演讲，必须充满热情，具有交互性。总之，演讲时我必须非常外向。因此，在上午的演讲结束时，我已经进入了高度唤起的状态，超出了演讲所需的最佳水平。

接下来是午餐时间。就在我最需要降低自己的唤起水平时，军官们却常会邀请我去他们的食堂。有几次我接受了邀请，但很快我就意识到这会降低下午演讲的水平。于是我想到了一个办法。我问军官们能否不一起吃午餐，而是沿着黎塞留河散步。我借口说对黎塞留河上的各种船只非常感兴趣，其实只是为了降低自己的唤起水平。

几年来这个方法一直很好用，但后来学院搬离了黎塞留河。因此，之后再访问皇家军事学院时，我又需要寻找新的小生境，也就是另一个可以降低我唤起水平的地方。我找到了一个理想的地方：男厕所。我会躲进男厕所最深处的小隔间，远离外界的行动和嘈杂，恢复我生物源特质，默默思考我的人生和下午的演讲。

不过，有一天，我的安全屋，这个能使我恢复元气的小生境完全失效了。当我正在愉快地降低自己的唤起水平时，我听到了只有纯粹生物源的外向者才会发出的声音。那是我听到过的最响亮的说话声。他突然进入男厕所，乒乒乓乓地走到第二个隔间的门前，而我正透过门缝窥视着他。他一定是认出了我常穿的鞋子，因为他停下来，转过身，径直向我所在隔间的方向走来。

我能感觉到我的自主神经系统启动了。他进入了我旁边的隔间。然后我听到各种排泄的声音，非常响亮，明目张胆，毫不避讳。内向的人不会这样做，事实上，很多内向的人会在排泄的同时冲水或在排泄之后马上冲水。最后，我听到他用粗鲁、沙哑的声音喊道："嘿，是利特尔先生吗？"他是一个外向者，他想要聊天！如果有什么能让我便秘 6 个月的话，那一定就是一边上厕所一边聊天！当然，我的唤起水平已经爆表了。不用说，在活泼的厕所长聊后，那天下午演讲时我的头脑有多不清醒。

从那一次过后，我决定改变我的复原行为，设法避免被别人发现。因此从那以后，如果有人特别热切地想在演讲休息时和我聊天，他不会再次在厕所里看到我。不过，我还是会在那里，在厕所最深处的小隔间里，让我的唤起水平回落下去，但我会注意把脚抬起来！

## 自由特质协议：做回真正的自我

具有复原作用的小生境不只适用于假装外向者的内向者，只是不同人的小生境可能具有完全不同的特征。例如，假装内向者的外向者想获得恢复，就不需要安静的隐蔽之处。的确，我的小生境可能是你的梦魇，反之亦然。假装内向的外向者需要能够让他们重燃热情的事，比如令人激动的夜店狂欢，或许在夜店还能遇到马库斯呢。

回到本章开篇提到的亚利桑那州的那个演讲大厅。在进入演讲模式后，我俨然成了一个伪外向者，我开始向听众讲解什么样的稳定人格特质预示着未来的幸福。然后，我谈到了自由的人格特质、出于性格的行为，以及具有复原作用的小生境。在最后总结时，我警告他们不要跟着我去厕所。

演讲结束后，我和几个人聊了几分钟，他们想把掌握的信息运用到家人身上。收拾东西时，我看到门口站着一个人，他显然是在等其他人离开。与我聊天的人走了后，他向我走来，直截了当地说："布赖恩，根据你的人格测试，我是一个非常难相处的人。""哦，但我确定你不是这样的。""闭嘴。"他打断我，并再次告诉我他非常不招人喜欢，而且说我对此做出的任何否认都经不起检验。接着，他告诉我，他刚刚和生命垂危的母亲一起度过了两周。在每天陪伴母亲时，他非常温柔、孝顺，而且对母亲爱意浓浓。"这完全不符合我的性格，"他采用了我演讲中的说法，"但如果你是对的，我就将为此付出代价。我的妹妹和我都很悲伤，但她的状态比我的好很多，因为她在生物源上就是个和蔼可亲的人，事实上，简直是讨人喜欢到了令人作呕的程度。妈妈的死让我们俩都很难过，但我已经心力交瘁了。所以我想问你，什么样的复原小生境对我比较有用？"

我对他的问题很感兴趣。我们对自由人格特质的初步研究主要聚焦于外倾和伪外倾，而他问的是假装和蔼可亲的损害，并且不是非常短暂的假装，而是长时间、彻底的假装。我问他是否玩娱乐性的曲棍球，之所以这样问，是因为我看到他的夹克上有娱乐性曲棍球联盟的标志。"是的。"他答道。"允许互相冲撞吗？"我问。"是的。"他说。"那么，我想几场曲棍球混战或许能让你复原，在混战中你可以踢别人的屁股。""我可以告诉裁判这是一种治疗吗？""当然可以。"

我认为自由特质行为存在道德方面的特征。通常是由于受到价值观的驱使，人们才会做出不符合性格的行为，才会在本该表现出生物源自我的时候，根据情境改变了自己的行为。这样做是出于爱或职业精神，通过这样的行为，人们履行了个人的或职业的承诺。但是，这种行为也会让人们付出代价。而为了减轻这种代价，我建议人们形成"自由特质协议"。

ME MYSELF AND US

**“自由特质协议”并不是指正式的文件，而是一种非正式的保证。它指的是人们要与自己的朋友、家人等达成共识，让他们认识到你有时表现得并不是真正的自我，让他们给你时间和机会，确保你有机会创造并进入具有复原作用的小生境，以满足生物源特质。**

自由特质协议可以非常简单，比如当别人做出非常令人困惑的行为时，你可以表现出宽容和支持。如果你喜欢社交的妻子在独自专心致志地工作了两周后，在周末和闺密出去疯狂、荒诞地玩乐，那你就不应该认为她这样做是因为不爱你了，你要明白，她只是为了寻求乐趣和放松，从某种程度上来说，也是因为她知道这能使她恢复外向的自我，更好地爱你。又比如一个善良敏感的人在做内部审计时不得不使自己变得心硬面冷，但在周五，当他暂时不用面对这项工作时，也应该允许自己短暂地回归真实的自我。

我想用非常个人化的观点来结束本章的内容：不要太把你的大五人格测试分数当回事。不要让测试结果禁锢你，不要像艾略特描述的那样，像生物标本一样被钉在墙上，四肢扭动。不要把你的大五人格测试分数告诉其他人，但极端外向者总是会把自己的分数大喊大叫地说出来，让所有人知道。要知道，你比单独的一个字母或五个字母微妙细致得多。

你更应该做的是谈一谈你正在做的且对你很重要的事情，比如核心计划、你承诺要完成的事情以及对未来的抱负。一旦它们成为你明确的焦点，你便会以不同的视角来看待相对稳定的人格特质，以及策略化的自由人格特质。从人格特质的角度看，你可能是一个神经质的内向者，但这样的描述似乎过于局限了，我相信你的自由比这更多。通过做出与性格不符的行为，通过采取自由人格特质的行为，你一定能够推进你所珍视的核心计划。

对有些人来说，进入不同的自我表达模式，采取自由人格特质的行为是比较容易的事情；但对另一些人来说，做不同于自己的自己毫无意义。这种差异对你如何表达自己的人格，如何与他人交往具有重要的影响。下一章的内容有助于你确定自己在人格表达上的灵活性，并告诉你为什么这一点很重要。

# 04

# 人格与情境：一键切换行为风格

ME MYSELF AND US

**以下不同情境，你认为哪些更可能会发生在一个自我监控能力很强的人身上？**

A. 在去参加活动前疯狂查询与活动、活动主办方等相关的信息；

B. 邀请与自己关系最好的朋友一起听演唱会；

C. 对待感情认真负责，保持忠贞的态度；

D. 当工作出现失误时，立即尽其所能地挽救；

E. 在工作中“见人说人话，见鬼说鬼话”。

扫码做题，获取答案及解析。

> 同样的火候，使黄油融化，却使鸡蛋变硬。
>
> ——阿尔波特
>
> 我们不能只通过一个人对自己的看法和认识来了解他的人格，而是要通过他在情境中的行为来解释他的人格。
>
> ——阿德勒

为什么有些人无论情境怎么改变都始终如一；而另一些人却像变色龙一样，会改变其自我表现，每进入到不同的情境就好像变了一个人？你属于哪种？你是否在葬礼上表现得悲哀而严肃，而在烧烤派对上又欢快活跃？或者，即使是在烧烤派对上，你也像参加葬礼一样肃穆，至少在那些互相扔小圆面包的人看来是这样？

这种倾向性对人们的成就与幸福有影响吗？我将在本章中探讨这些问题。不过，在探讨这些问题之前，做一做以下的自我监控测试或许会有帮助，至少你也应该浏览一下测试中的各个陈述。尽管它叫“自我监控量表”，但我保证你不会遇到太古怪的题目。

## 自|我|监|控|量|表 1 ME MYSELF AND US

以下陈述是关于你在不同情境中的个人反应。没有哪两个陈述是非常相像的，因此，在回答前请仔细阅读。如果某个陈述是正确的或非常适用于你，就用“T”来作答。如果某个陈述是错误的或通常不适用于你，就用“F”来作答。这个测试的关键是，做测试时你要尽可能地坦率、真诚。接下来，把你的答案写在左侧的横线上吧。

____1. 我觉得模仿他人的行为很困难。

____2. 在派对和聚会上，我不会试着迁就别人，做他们喜欢的事或说他们喜欢听的话。

____3. 我只能支持我相信的事情。

____4. 我可以就我几乎一无所知的主题做即兴演讲。

____5. 我认为我可以当众进行表演，而且我的表演会给人们留下深刻印象或者让人们开心。

____6. 我有可能成为一名优秀的演员。

____7. 在一群人中，我很少会成为人们关注的焦点。

____8. 在不同的环境中，和不同的人在一起时，通常我会表现得像完全不同的人。

____9. 我不擅长让别人喜欢我。

____10. 我并不总是我表现出来的那个人。

____11. 我不会为了取悦他人或让别人喜欢我，而改变我的看法或我做事的方式。

____12. 我曾考虑做一个演员。

____13. 我从来就不擅长你比我猜这样的游戏，也不擅长即兴表演。

____14. 我很难改变自己的行为以适应不同的人和场合。

____15. 在派对上，讲笑话、讲故事的人通常不是我。

____16. 在公司里我会感到有一点局促不安，表现得不太像我本来的样子。

____17. 只要有正确的理由，我就可以脸不红、眼不眨地撒谎。

______18. 即使我不喜欢某人，我也能表现得很友好，让他相信我喜欢他。

**计分规则：**以下是计分答案。如果你的答案与计分答案一致，就把相应的答案圈出来。算一算你总共圈了多少个答案，总数便是你在这个测试中的得分。把你的分数记录在下面的横线上。

1.F 2.F 3.F 4.T 5.T 6.T 7.F 8.T 9.F 10.T 11.F 12.T 13.F 14.F 15.F 16.F 17.T 18.T

**我的分数：**______________

这个量表测试的是自我监控的程度。2

ME MYSELF AND US

**高度自我监控者很在意别人的眼光，其行为反映了社会规范和所处情境对他们的期望。低自我监控者不太在意别人的眼光，引导其行为的是他们自己的性格和价值观，而不是情境对他们的期望。**

自我监控测试分数为我们检视自己的人格与幸福提供了丰富的资料。彻底的坦率与敏锐细腻，哪一个更有利于人们发展人际关系？小心地监控自己所处的社会情境能否让人们在职场中获得成功？或者，做自己是更好的选择吗？想要回答这些问题，了解你在自我监控量表中所处的位置或许会有所帮助。

对于完成自我监控量表，你可能心存顾虑，因为它太长了或者你从来没有做过类似的测试。不过这没关系，因为还有一种更快捷的方法可以让你大致了解自己的自我监控程度。方法是这样的：在你阅读这些内容时，假装我站在你对面，让你做以下的事情。请用手指在你的额头上写一个字母 Q。以你从大脑里面向外看的视角来说，Q 的小尾巴是朝向左边还是右边？你的写法透露了你是一个高自我监控者还是一个低自我监控者。当然，如果你为了反抗而在额头写了其他的字母，那么你很可能是一个难相处的人。[3]

## 你是洋葱型还是鳄梨型的人？

在探讨有关自我监控的知识之前，我想提供一些背景信息。1968 年，斯坦福大学教授沃尔特·米歇尔出版了《人格与评估》，这本书对人格研究产生了重要影响。[4]米歇尔认为，就像传统的看法一样，人格是一个神话。他对已有的实验研究进行了分析并得出结论，认为传统的假设，即人们在不同情境中都具有稳定不变的性格，是站不住脚的，至少是需要严肃地重新思考的。对于人们的日常行为，米歇尔从社会认知的角度提出了另一种解释，依据人们所处的情境和对情境的认知加工来解释行为。[5]

接下来发生了人格心理学与社会心理学的争论，人格心理学家捍卫着人格特质的立场，而社会心理学家则采用情境主义的方法。这是一场充满仇恨的争论，但它推动了两个阵营的大发展。而其中得到最多赞同的结论是，行为是人格特质与情境相互作用的结果。[6]所以，疯狂的派对和安静的交谈分别会吸引外向者和内向者。这个结论还强调人们所做出的行为，即其所进行的任务和计划。在人们的日常事务中，人格特质和情境都发挥着作用，因此研究这些事务能够使心理学家整合人格分析与社会心理学分析的优势。碰巧，这也是我的观点，在最后两章中我对此会进行详细探讨。

对有关人格特质的争论，自我监控量表的编制者马克·斯奈德（Mark Snyder）教授另有一个创意十足的结论。他认为，低自我监控者的日常行为主要受到其人格特质影响，而高自我监控者的行为主要受情境影响。这种区分很有价值，它使我们能够更清楚地注意到自己各种不同的倾向与偏好，有些看起来相当令人吃惊，比如如何在食物上撒盐。

假设你打算咬一口面前盘子里的牛排，当然，如果你想象为一大块豆腐也没问题。你会在加盐之前先尝一尝吗？作为博士论文的一部分，斯奈德检验了这个问题并发现，在自我监控测试中得分高的人更有可能在加盐之前尝一尝。[7]而在自我监控测试中得分比较低的人则更有可能加完盐再品尝，或者根本不加盐。这就好像低自我监控者非常了解他们对口味的喜好并会据此采取行动，而高自我监控者则需要先查看情境，在这个例子中就是在确认牛排的味道之后才会大快朵颐。根据斯奈德的观点，低自我监控者的行为与其根深蒂固的普遍倾向是一致的，也就是说，指引他们行为的是他们自己，而不是情境。

以牛排和调味品作为开篇后，我们继续以食物作比喻，来帮助大家理解自我监控倾向对人们如何看待自己的影响。你是更适合被比喻为洋葱还是鳄梨？当被要求列出自己的特征时，高自我监控者倾向于说出大家都能看到或感知到的方面，比如他们的身体特点、地位和所起的作用；低自我监控者则倾向于说出他们的内在特性，比如他们的价值观、偏好和人格特质。

研究者对人们所说的这些关于自我的特征进行了检验，然后发现，高自我监控者更像洋葱，他们一层一层地剥，直到发现其实根本没有什么本质的自我。[8]或许你的同事伊丽莎白就是这样的人。你永远弄不懂她。她的自我变化不定，而且会分化出许多亚自我。实际上，她就是没有本质的自我。

与之相反，低自我监控者更像鳄梨。当你不断往下挖时，会发现一个核，一个恒定不变的坚实核心。或许你的朋友道格就是一个低自我监控者，道格永远就是道格，他不会变成古怪的道基，也不会变成严肃的道格拉斯，他只是平凡的道格。和他在一起，你永远可以做到心中有数，因为他的核心是牢固的，他的自我不会变化不定。当然，有些人也称之为刻板。

ME MYSELF AND US

**高自我监控者像洋葱，可以层层剥开，却没有什么本质的自我；低自我监控者像鳄梨，永远有一个恒定不变的坚实内核。**

在第 3 章中，我们探讨了人能够如何采取自由特质的行为以推进重要的核心计划，而采取自由特质的行为意味着他们的行为方式要违背其生物源自我。高自我监控者应该特别擅长这一点，能做出与性格不符的行为，而低自我监控者则很可能会疑惑为什么应该那样做。

接下来，我会探讨自我监控取向对人们的生活产生影响的一些方式，包括友谊和职业轨迹。在探讨的最后，我们将会面对一个关于价值观与性格的问题，也就是关于人们应该如何生活的问题。在人格研究中，并不适合用科学来解答这类问题，但科学能帮人们更深刻地反思价值观的问题。为了使你能更敏锐地感知到这些差异，不妨来回答以下两个问题吧。第一个问题是，你希望恋人是低自我监控者还是高自我监控者？第二个问题，你希望国家领导人是低自我监控者还是高自我监控者？

## 自我监控倾向对人的影响

由于高自我监控者倾向于关注情境中的线索，因此，他们渴望明确地知道将要面对的情境的性质。对高自我监控者来说，情境预期的清晰性非常重要。

这在一项研究中得到了很好的证明。研究者让学生们选择进入或不进入某个情境，而在这个情境中，他们必须做出外向者的行为。如果情境被描述得很清楚，那么不管是内向还是外向，高自我监控者都倾向于选择进入。低自我监控者则会根据他自己是内向者还是外向者来进行选择。如果他是低自我监控的外向者，便会选择进入。

同样，当研究者问情境发生怎样的改变会促使他们更愿意进入时，高自我监控者会把情境描述得能够提供更清晰的行为指引，而低自我监控者则会把情境描述得更符合他们内向或外向的性格。[9]

## 安全感，来自对事情的了如指掌

根据以上所说的各种研究，我猜高自我监控者会特别喜欢谷歌。因为在进入重要的情境前，他们可以用谷歌先进行调查，这样他们就不会带着一大堆疑问进入这个情境了。

想一想工作面试。大多数应聘者都会事先做功课，了解要应聘的公司的相关信息。不过，高自我监控者会做得更进一步。比如我认识的一个高自我监控者，在面试前，他不仅搜索了公司的详细信息，还查找了面试官们的个人简历，了解他们在哪儿上的学，甚至了解他们的兴趣爱好和社交网络情况。然后，在接受面试时，他就可以引导谈话的方向，与面试官更亲近地交流，比如他可能会说："啊，是的，汤普森先生，这听起来就像布兰迪斯大学社会学系毕业的人会问的问题。"但问题在于，这种做法可能会让人觉得毛骨悚然，尤其是当面试官是一位低自我监控者，而且上的其实并非布兰迪斯大学时。与之相比，低自我监控者不会过分担心衣着、言谈和表达方式，因为他们的默认选择，即他们喜欢的选择，就是基于其性格、偏好和信念而做出的。

正如我们所了解的，高自我监控者希望对将要面对的情境了如指掌。以我的经验来看，如果某个活动没有明确说清将会发生什么以及应如何采取行动的话，高自我监控者就会感到紧张。

想象一位同事给你打来电话，问你是否有时间参加明天晚上的晚餐聚会。低自我监控者会根据他对邀请人的评价来决定去还是不去，而高自我监控者则会想要了解诸如还有谁参加，餐会是正式的还是非正式的，会持续多长时间，是否应该带点礼物，餐会的真正原因是什么等细节情况。不过，这些问题的答案，永远没法在网上搜索到。

再举一个例子。假设就在此刻，我的研究助理正站在你的门外，想要进门看一看你的生活空间。在他进门之前这段短暂的时间里，你会有什么感觉，会做什么事情？现在，再次想一下你的自我监控测试分数。低自我监控者可能不会为此感到为难，因为他们的住所就反映了他们自己，以及他们的特质与偏好，他们也不希望表现出其他的样子。然而，高自我监控者很可能会感到不知所措。他们会希望能根据来访者的期望整理房间，或者至少不要给人留下“猪窝”的印象。

对高自我监控者来说，如果周四的傍晚突然有人来敲门，那么，无论来访者是现任男朋友、前任男朋友、三年级时的老师、离异的父母、利特尔教授，还是 CNN 主播沃尔夫·布利策（Wolf Blitzer），这一晚一定都是糟糕透顶的。对低自我监控者来说会如何呢？他们会觉得，没问题，谁想来就来吧！我是说真的！

## 为每个活动选择“最适合的”伙伴

在高自我监控者与他人的关系上，存在一种可预测的倾向，那就是在不同的情境或环境中，他们对于要与谁一起相处非常敏感。例如，设想你必须分别选择和一个朋友去参加两种不同的活动，一个是在亚拉巴马州塔斯卡卢萨县举办的橄榄球车尾野餐会，另一个是纽约市茱莉亚学院芭蕾舞演出后的社交晚会。你想到了两位朋友：一位是亚拉巴马大学橄榄球队的粉丝，他比任何人都更了解啤酒和红潮橄榄球队；另一位是纽约市的大提琴演奏家，正在和一位茱莉亚学院的学生约会。高自我监控者当然知道哪个朋友适合哪种活动，即使是低自我监控者，在被催逼的情况下，也会说出这两位朋友。

让我们把问题设置得更困难一些。尽管两个人都是你的朋友，但你更喜欢那个热衷于橄榄球的朋友。这对你选择和谁一起参加每项活动有影响吗？

实验研究发现，低自我监控者会在两项活动中都选择那位橄榄球球迷，而高自我监控者则会为每个活动选择“恰当的人”。[10] 对高自我监控者来说，和脸色通红的橄榄球球迷去参加高端大气上档次的晚会是非常令人不安的，而在车尾野餐会上，和理智庄重的朋友一起厮混也是如此。然而，无论如何，低自我监控者都会选择和自己最喜欢的人一起去。

自我监控倾向上的明显差异会造成人际间的摩擦，尤其是在恋爱关系中时，正如你在下面将要看到的。

## 浪漫关系中，以灵动替代忠诚

如果选择活动伙伴都会给人际关系造成挑战，那么当涉及恋情和婚姻关系时，困难便会更大。当研究者将潜在恋爱对象的简单介绍和照片呈现在人们面前时，高自我监控者会更注意照片，而低自我监控者则会花更多时间关注介绍资料。这和其他类似研究所呈现的证据是一致的，说明高自我监控者更在意外貌和社会地位，而低自我监控者更重视人格与价值观。[11]

自我监控倾向还会影响浪漫关系的稳定性。相对于高自我监控者，低自我监控者的浪漫关系一般比较持久，不太可能离婚或发生婚外情。从好的一面看，我们可以说高自我监控者在恋爱兴趣上具有高度的灵活性，当然，低自我监控者绝对不会首先想到“灵活”这个词。而从不好的一面看，高自我监控者可能有点像保罗·西蒙（Paul Simon）歌曲中的塞西莉亚（Cecilia），当爱人起床去洗脸的时候，她需要有其他人在床上取代爱人的位置。这可不是让人放心的行为。

当然，这不是说高自我监控者都是不忠的花花公子。相反，高自我监控者只是想采取最适合眼下情境的风格，而这有时就意味着缺乏恒定性，尤其是从低自我监控者的角度看。威廉·詹姆斯提出过一个著名的观点，即人们所具有的社会自我和人们在意其看法的他人一样多。不过，现在我们要增加一个限定性条件，即它主要适用于高自我监控者。詹姆斯的上述观点不太适用于低自我监控者，因为低自我监控者都具有单一的自我，一个坚实的核心，抗拒被分解成附属的、专门化的自我。

多年来，在和学生们探讨这些结论的过程中，我逐渐意识到，被高自我监控者称为“社交上恰当的”行为，往往会被低自我监控者称为“弄虚作假”。这是让自我监控取向不同的夫妻互相感到失望的重要原因之一。

举一个很典型的例子。假日，当夫妻两人一起拜访彼此的家人时，高自我监控者会见人说人话，见鬼说鬼话，而低自我监控者则可能无论和谁交流都是一个样子。如果看到爱人在不同人面前轻而易举地改变了自己的态度、偏好和观点，低自我监控者就会感到失望。比如说，如果这类家庭聚会上有很多人，高自我监控者可能会在一个晚上变换多种风格：在你茶党[①]的父亲面前，他会

① 茶党是一个草根运动而非政党，是右派民粹主义运动，其历史起源是1773年美国东北部波士顿民众为了反抗英国殖民者的高税收政策而倾倒茶叶的事件。——编者注

显得比较保守；在你非常另类的叔叔面前，他表现为一个左倾的自由主义者；在你弟弟面前，他又表现得特别酷。你都不知道自己爱上的到底是他的哪个自我了。所以，和一个自我变化不定的人结婚岂不是很有风险？

不过，高自我监控者也有感到失望的理由。当你的爱人面对所有人都保持一个样子时，你就会禁不住地想：难道他不能顺应情境变得灵活一点，不要让家里大多数人都觉得他无法亲近吗？难道他真的像其他人所说的那样，是一个只关注自己、麻木不仁的混蛋吗？

## 职场中的变色龙

研究结果显示，高自我监控者更有可能获得事业上的成功。在工作团队中，高自我监控者更有可能成为领导者；在涉及“跨边界”的管理位置上，他们也会得到更高的评价，因为跨边界的管理岗位需要人们关注多样化的任务和社会线索。[12]

有些高自我监控者的技能是非常微妙细致的。当一个项目因高自我监控者而失败时，他们往往比低自我监控者更有可能合理化自己的行为，能够更好地控制传递给他人的有关项目失败的信息。与之相反，低自我监控者常会因为项目的失败而遭受更多责难，因为他们不能做出有倾向性的解释以使人们的矛头转向别处，而不是对准他们自己。许多人，尤其是其他低自我监控者，会认为这是非常诚实的表现。但在企业中，这种坦率的直接和对调控自身所处情势能力的缺乏，往往不利于圆滑地进行人际交往。

在处理职场中的冲突时，低自我监控者可能会比较强硬地支持他们眼中正确的一方；相反，高自我监控者则更倾向于通过折中与合作来解决冲突。

在标题为《变色龙会成功吗？——自我监控对管理职业的影响》的文章中，马丁·基尔达夫（Martin Kilduff）和戴维·戴（David Day）报告了一项对MBA学生进行的纵向研究，而这项研究是基于学生记录的他们在毕业5年后的职业发展情况而展开的。[13] 在攻读MBA之初，这些学生接受了自我监控测试，因此研究者可以探究他们在职业上的成功是否与自我监控取向有关。结果显示，高自我监控者显然在事业上取得了更多的进步。相对于低自我监控者，在这5年的时间里，他们更倾向于通过换工作或搬迁而获得提拔；即使是那些始终待在同一家公司的人，也得到了更多的提拔。

高自我监控者获得提拔的巧妙方法之一可能是，在工作中，表现出自己适合更高管理层级的样子。与之相反，低自我监控者表现更多的是他们对组织的忠诚，不太会精心打造出有利于晋升的自我形象。

每一种自我表现策略都具有潜在的缺点。从群体形象的角度来看，低自我监控者可能会被认为缺乏技巧。[14] 比如说，每个人都很喜欢技术支持部的查克，他的典型服装是印着扭曲姐妹[①]的T恤，但当下午的谈判，需要西装革履地面对客户时，他的衣着就会受到批评。高自我监控者的问题在于，他们的表现可能明显超出了自己的实际水平，所以同事可能会觉得他们自以为是、炫耀卖弄。不过，有证据显示，高自我监控者并不在意同事们的评价，他们更看重老板的评价。

高自我监控者对企业所采取的立场，类似于他们在爱人面前的态度：灵活但不明确表态。低自我监控者更倾向于与工作团队建立起牢固的友情纽带，而高自我监控者则会参与更广泛的社交网络。在这些网络中，高自我监控者承担着核心的连接作用，如果没有他们，有些人便不可能彼此产生联系。

① 扭曲姐妹是纽约一支重金属乐队。——译者注

## 自我监控能力：不想变，还是不能变？

尽管自我监控研究的典型假设是，低自我监控者不愿意做出违背他们固定行为风格的事情，但他们会不会是缺乏改变自己行为习惯的能力呢？在心理学领域，虽然研究者更多地把人格视作一种倾向，而不是一种能力，但从能力角度来探究人格也是非常有益的。

有这样一个实验：被试是一些兄弟会的成员，研究者要求他们看两张著名的主题统觉测验卡片，并解释“场景中发生了什么”。已知其中一张卡片会引发一定程度的敌对情绪，另一张会引起性反应。在讲述完他们根据卡片构想出的故事之后，他们会参与一个被称为“测试极限”的测验。在这个测验中，研究者明确地让他们写出特定主题的故事，具体来说，就是尽可能地写出最有敌意的故事以及最性感的故事。以下是两个兄弟会成员尽他们所能写下的最性感的故事：[15]

> 马丁俯身在她的肩膀上，貌似是在看她的脸，其实是在窥视她隆起的胸部。他突然感到一阵不可遏制的欲望，想要抓住她的乳房，撕开她的裙子。他的手想爱抚她的身体，进入她的身体。欲望使他的嘴里满是唾液。
>
> 突然，他抓住她的胸部，她的喉咙深处发出一声呻吟——一半是欲望，一半是惊吓。她任由着他。她很快解开扣子，他的手潜入了衣服的开口处。他把她拉向自己，她的衣服慢慢滑落，他的手探索着她身体的每一处。“你想让我也摸一摸你吗？”她请求着。“是的，是的！”

现在来比较一下下面这篇“性感”的故事：

> 那个年轻女人已经和一个男人同居了好几周。现在她怀孕了，跑去

求助于她的父亲。老人一开始很震惊，因为他以为女儿一直住在学校里。如果她的恋人并不像她所说的那样爱她，他建议女儿不要嫁给他。他并不是一个保守的人，而且知道这些事情有可能会发生，也不认为当未婚妈妈有什么不对。

我估计读这么多已经足够了，所以没有展示最后几段。而且我认为结果已经很明显了，无论这两个人的写作天赋和道德倾向如何，他们写作色情文学的能力差异巨大。第一个故事的作者，只要别读太多詹姆斯·乔伊斯（James Joyce）[①]的作品，便可以毫不费力地从事色情文学创作的工作。第二故事的作者，尽管知道要写尽可能性感的故事，但他写的东西实在不可能唤起任何人放纵的欲念。

因此，留给我们的问题是，对高自我监控者和低自我监控者的描述可能存在模糊性。

ME MYSELF AND US

**高自我监控者可能既具有根据情境改变自我表达的倾向，又具有这样的能力；而低自我监控者可能既没有做出改变的倾向，也没有这样的能力。**

几乎没有什么实验研究能帮助我们做出这些区分。但我相信，重要的是，我们一定要记住，看起来对在不同情境中呈现不同自我不感兴趣的低自我监控者可能也很想这样做，只是他们没有这样的能力。或者，他们也具有像高自我

① 爱尔兰作家、诗人，20世纪最伟大的作家之一，后现代文学的奠基者之一。一生颠沛流离，辗转于欧洲各地，靠教授英语和写作糊口，晚年饱受眼疾之苦，几近失明。——译者注

监控者一样的调整能力，甚至在喝了太多酒后会向所有人展示这种能力，但在平日常待的地方，除了自己，他不愿做其他任何人。

尽管关于这个主题的研究非常非常少，但一个与之高度相关的研究发现，根据自我监控取向能够预测一个人的表演能力。研究者让被试在高自我监控或低自我监控的同质群体中即兴表演戏剧小品。根据他们自己的评价，更重要的是根据独立评价者的评价，高自我监控者比低自我监控者表演得更好。这说明高自我监控者不仅是更善变的人，而且是更擅长戏剧表演的善变者。[16]

## 情境越正式，自我监控压力越大

回想马克·斯奈德提出自我监控概念的那个时期，人格心理学领域正被卷入到一场争论中，争论的主题是人格特质与情境哪个对人们的日常行为影响更大。斯奈德提出了一个富有创造力的观点，他认为存在稳定的人格特质，而且它预示着人的行为会偏向于哪个方向。但可惜的是，这个观点遗留了一个未经检验的问题，那就是情境本身是否会造成压力，使身处其中的大多数人，包括低自我监控者与高自我监控者，都倾向于以某种特定的方式行事。

检验方法之一是援引情境压力的概念。

ME MYSELF AND US

**情境压力的概念，是由人格心理学创立者之一的亨利·默里（Henry Murray）提出的，指的是不同情境所产生的强烈的规范性压力。**[17]

亨利·默里认为，每一种人类需求，比如归属和成就的需求，都存在着能促进需求得以表达的相应环境压力。环境中丰富的社交可能性可以为人们提供适当的压力。比如说，有些公司鼓励无情的竞争，并且会举办真人 CS 这样的休闲活动，这样就能为具有高成就需求的人，或许也能为那些具有受虐需求的人提供适当的压力。

但是，是否有可能不只从为需求和特质提供适当压力的角度，而是从自我监控本身的角度来评估情境或环境呢？换句话说，就是无论什么环境，也无论人们是否感到舒适，从人们是否需要非常小心地监控自己行为的角度看，环境是否存在差异？我对我两个本科生班的学生进行了这样的探索性研究。18

首先，我让一组学生列出他们在上大学期间可能会面临的各种情境、地点或环境。尽管有些情境经常出现，但我并不希望他们拘泥于此。在筛选掉重复或非常类似的情境后，我们汇总出一个包含 40 种情境的清单，然后把它提供给另一组学生。这些学生需要说出每一种情境带给他们的自我监控压力，也就是说，在这种情境中，他们需要在多大程度上密切监控自己的行为。

经研究，我们发现，对学生们来说，自我监控压力最大的几个情境依次是：

◎ 面试；
◎ 公开演讲；
◎ 上法庭；
◎ 会见训导主任；
◎ 参加葬礼；

◎ 在班级中主持研讨会；

◎ 为客户提供服务；

◎ 第一次约会。

我跟几位训导主任谈过这个清单，看到学生们把与他们会面排在上法庭和参加葬礼之间，他们感到不太高兴。我赶紧告诉他们，我相信学生们肯定是从纪律性的角度来衡量的。毕竟从这个角度看，训导主任真的是非常要命。不过，这些情境大多具有一个共同特点，那就是在这些情境中，其他人都会对你进行评判，而且他们的评判对你而言很重要。

葬礼是一个非常有趣的例子，因为乍一看，它似乎不像其他情境那样，可以使当事人面临直接的评判与审查。然而，正是在葬礼上，发生了美国电视历史上最喜剧性的一幕。在《玛丽·泰勒·摩尔秀》(*The Mary Tyler Moore Show*)中，高自我监控者玛丽对同事拿小丑查克尔斯的死开玩笑很恼火。查克尔斯是马戏团大游行中的司仪，他穿着花生形状的外衣，一头凶猛的大象试图把他剥开，结果查克尔斯死掉了。然而在葬礼上，玛丽多次忍不住大笑起来，其他人则表现出了参加葬礼时应有的恰当行为。接下来便是全剧的高潮。牧师对玛丽说，你可以大笑，这完全没问题，因为这正是查克尔斯的愿望。在那一刻，玛丽突然歇斯底里地哭了起来。对一个高自我监控者来说，这真是非常丢脸的事情。

对学生们来说，自我监控压力最小的几个情境依次是：

◎ 生病在家；

◎ 和朋友一起看电视；

◎ 参加摇滚音乐会；

◎ 独自露营；

◎ 和好朋友聊天；

◎ 在海滩上；

◎ 采购日用品；

◎ 在麦当劳吃饭。

这些情境大多是非正式的，当你身处其中，别人不太可能会对你评头论足。有些情境，比如独自露营和生病在家，是一种与世隔绝的情境。在这样的情境中，你可以言行轻率，恣意地发出各种不体面的声响。其他情境则说明，和朋友厮混的方式会影响自我监控的程度。

值得注意的是在麦当劳吃饭的情境，前面我们提到自我监控压力最大的情境之一是“第一次约会”，所以，如果你想降低第一次约会时的自我监控压力，可以考虑安排在麦当劳，而不是法国风味的餐厅。这样，你们就可以欢畅地吃着麦当劳，而不用担心会不小心把洗碗盅里的水咕噜咕噜地喝掉了。当然，只有高自我监控者才会为这样的事情担心。而且，有些高自我监控者可能已经查到了洗碗盅的正确用法，甚至还查到了那家餐厅的菜单。

## 讲原则还是求实效?

每当和我的学生探讨自我监控时，他们就会提出许多对他们具有重要意义的问题，班级讨论也会变得非常热烈。我发现，班上的一对情侣在讨论了彼此悬殊的自我监控测试分数后，关系变得严峻了起来，当然，我怀疑还有其他原因导致了这种变化。不过有一件事很明显：自我监控引发的问题直接涉及道德、伦理和价值观等重要领域。

ME MYSELF AND US

**斯奈德和他的同事认为，在做事和与他人互动时，低自我监控者采取的是原则性很强的方式，而高自我监控者采取的是讲求实效的方式。**[19]

即使相反的做法其实对自己更有利，低自我监控者也会坚持他们的核心信念。原则对他们很重要。相反，高自我监控者更追求实用主义，更讲求实效，他们会采取最符合情境需要的行为，即使那意味着与他们的其他行为不一致。在对讲原则的低自我监控者与讲实效的高自我监控者进行比较之前，我认为应该提出两个重要的问题。

第一，这种对比似乎很不公平。把讲原则与讲实效进行对比就意味着高自我监控者比较不讲原则，不受核心价值观指引。但是，驱动高自我监控者做出某种行为的可能不是实用主义，而是他们所采取的不同的原则：重视对他人的敏感性，适应自身以外的事物。比如说，男朋友对你弟弟很友善，虽然这看起来有点虚伪，但他这样做可能不是为了控制局面或操纵他人，而是因为你年幼的弟弟是个坦率正直的人，你男朋友觉得在家庭聚会上避开那些过分热情的客套，和他聊一聊能够令人耳目一新。总之，低自我监控者和高自我监控者的行为都有可能是基于有原则的价值观，只不过低自我监控者遵循的是一致和直率的原则，而高自我监控者遵循的是关怀与交往的原则。

第二，无论是高自我监控者还是低自我监控者，如果他们的价值观取向被发挥到了极致，便都会导致无原则和鲁莽，甚至可能会成为病态。以自我监控程度极低的人为例，他们不愿意或不能适应日常情境的要求，甚至达到了过分死板和适应不良的程度。他们的这种取向能够适应黑白分明、善恶分明的世界，但在深深浅浅的灰色世界和不断变迁的世界里，他们却会感到寸步难行，无法在需要灵活性的任务中取得进展。尽管他们的始终如一令人敬佩，但他们总会发现自己陷入了重重的困难与烦恼中。

极度高自我监控的人也会有变得病态的风险吗？“审美性格障碍”这个术语就概括了一类高自我监控者的特点，这些人无论和谁在一起都会竭尽所能地给人以美感，但他们可能会很快就变成具有完全相反价值观的另外一个人，或去追求体现相反价值观的其他目标。对这些人而言，美感的重要性超越了伦理道德。审美性格障碍者可以被看作高自我监控达到了极端的例子。这说明在自我监控的范畴内，除了善于操控他人的人，我们还可以看到精明程度千差万别的人，从无视自己造成的伤害，惯用万种风情迷惑他人的人，到典型的精神变态者。21

## 最有效的态度，是灵活的自我监控

那么，对自我监控研究的了解能怎样丰富我们对人格与幸福的反思呢？就像在第 2 章中探讨的大五人格特质一样，自我监控研究使我们能够洞察友谊、爱情以及职业成功的可能性。

幸福既是复杂的，也是有争议的。幸福之所以复杂，是因为它具有非常多的面向，不论自我监控程度高还是低都会促进幸福的某些方面，同时也会妨碍其他方面。高自我监控的优势在于适应性与灵活性，这会使人们在人际关系与事业上获得更大的成功。但高自我监控的缺点在于它会使人们对伴侣和组织缺乏忠诚度，产生自我分裂感，成为万金油一样的人物。低自我监控者正好相反：

他们的始终如一和忠诚会带来持久的关系，但他们也会因为无法适应不断改变的环境而感到挫败，也不太有能力取得成功。

幸福的争议性，源自人们无法一致赞同幸福的哪些方面是值得追求的，也就是说，对于应该做什么，人们无法达成一致意见。高自我监控者会认为灵活性不仅是令人渴望的品质，而且值得努力去实现它。与之相反，低自我监控者认为更有价值的是一致性和坦率直接。所以，了解你在自我监控维度上处于什么位置，有助于理解自己可能会体验幸福的哪些方面。同时，对自我监控更深层的认识，还有助于了解这些方面对你的生活是否有价值。

作为日常行为的指引，低自我监控者与高自我监控者会对性格和情境的重要性有不同的认识，而关于自我监控的研究就此为我们提供了宝贵的见解。不过，在这里，我想提出一个与前面所讲的多少有些不同的看待自我监控的方式。我认为，我们需要重新思考以下假设，即自我监控是类似于人格特质的一种倾向。

ME MYSELF AND US

**简单地比较高自我监控与低自我监控，会使人们认识不到每个人的身上可能同时活跃着这两种自我表达的模式，而在追求目标和完成日常生活中的任务时，灵活的自我监控是可采取的最有效的态度。**

设想以下内容是你下周三的日程安排。上班时你要参加三个重要会议，傍晚回家后你很想放松放松，和家人在一起，可这时你的好朋友打来电话，说他此刻真的非常需要你。此外，你还要去兽医那儿投诉他乱收费，因为你的宠物是只公猫，他却向你收取了猫咪的子宫切除费。

如果你是一个高自我监控者，在不同的情境中，你可能会表现出不同的特质：在工作中，你聪明干练，争强好胜；在家里，你有趣又有点疯狂；和朋友通话时，你耐心而敏感；面对糊涂的兽医时，你冷静但有理有据。

根据自我监控理论，如果一个低自我监控者面对同样的日程，那他们应该不太可能在不同的情境中呈现出不同的自我，而是会更倾向于以其中的一种方式应对所有事。但我认为，大多数人，即使是低自我监控者，在这个即将到来的周三也会表现出一定的灵活性。当情境从商务会议转换为家居生活时，大多数人都会从正式的自我呈现转换为非正式的自我呈现。换言之，人们能够很好地意识到自我监控的压力，以及什么时候必须尊重情境规范。

我认为，应该从自我监控如何促进或阻碍适应性功能的角度来理解自我监控的需要。

ME MYSELF AND US

**只要是符合情境和环境的需要，高自我监控和低自我监控都是具有适应性的。**

例如，如果你生活在多元化的环境中，需要呈现出多元化的自我，那么高自我监控便是适合的。相对于传统的农村生活，现代城市生活就属于这种情况。而在比较传统的社区中，高自我监控则可能不具有适应性。如果你呈现出太多元化的自我，人们就可能会认为你两面三刀，因为你不可预测，让人捉摸不定，是潜在的麻烦制造者。在这样的环境中，低自我监控才是适合的。在第8章，我们将更深入地探讨人们居住的环境如何有助于塑造人们的人格，促进或妨碍人们的幸福。

如果你仍因为自己的自我监控状态以及我让你写在额头上的Q感到困惑，那么，下面就是测试结果的含义。从大脑内部向外看时，如果Q的尾巴在右侧，说明你可能是低自我监控者；如果Q的尾巴在左侧，说明你可能是高自我监控者。低自我监控者的逻辑是从自己的角度传递信息，而高自我监控者的逻辑是从观众的角度来传递信息。不过，我强烈建议你把这个实验和吃牛排前是否撒盐的测试一起做。

# 05

# 人格与控制感：成功在于计划

ME MYSELF AND US

**如果一个人认为生活是由无数不可抗事件组成的，下列哪些可能是他的想法或判断？**

A. 当其他人的想法与自己都不一致时，他完全不会在意；

B. 相对于稳妥的储蓄，他倾向于选择风险较大的股票进行投资；

C. 在开始一项工作前，他会做好计划以应对可能出现的不可抗事件；

D. 他通常不会压抑自己的欲望，会寻求即时满足；

E. 因为对不可抗事件有准备，所以他付出的代价通常会较小。

扫码做题，获取答案及解析。

我想要的生活是它不会被一个电话破坏。

——费德里科·费里尼：《甜蜜的生活》

现实无法被忽视，因为有代价。忽视的时间越长，必须付出的代价就越高，越可怕。

——奥尔德斯·赫胥黎：《宗教与时间》

我相信我会听到哲学家断言，生活在愚蠢、幻觉、欺骗和无知中必然是悲惨的，但事实并非如此——这就是人类的生活。

——伊拉斯谟：《愚人颂》

如果内在人格与外在现实的相互作用，一起被纳入人们所从事的任务中，影响着人们的行为与生活，那么便会产生几个重要的问题：不受人控制的行为或力量最终将决定人们的命运吗？拥有控制力或相信人有控制力是否对人的命运有所影响？人们能主动地塑造人生，还是只能被动地接受作用于自己的任何力量？

关于人对自己的人生有多大控制力的问题，学界在千禧年爆发了激烈的论争，并得出了相互矛盾的答案。到如今，人们依然为之热烈地争论着。心理学家为这个问题提供了重要的技术与哲学观点。然而，人格心理学探究的是不同的问题，即对控制力的看法如何影响人们的幸福。有些人坚定地认为人是有控制力的作用者，有幸能够在自己的人生中发挥很小的作用；还有些人则坚信外部力量的作用，认为生活中的无论好的还是坏的事件，都由外部力量决定。

如果你想评估一下自己在这个问题上的立场，请完成以下量表。

## 个|人|控|制|量|表 1 ME MYSELF AND US

根据你对每个陈述的赞同程度，请用 1 到 7 的数字为其打分。

| 不赞同 | | | 中立 | | | 赞同 |
|---|---|---|---|---|---|---|
| 1 | 2 | 3 | 4 | 5 | 6 | 7 |

_____1. 如果努力争取，我通常能达成所愿。
_____2. 一旦制订了计划，我便一定会按计划进行。
_____3. 相对于纯粹靠技巧的游戏，我更喜欢需要一点运气的游戏。
_____4. 只要下定决心，几乎没有我学不会的东西。
_____5. 我的成就主要源于我的努力和能力。
_____6. 我通常不设立目标，因为我很难坚持到底。
_____7. 有时候坏运气会妨碍我实现目标。
_____8. 只要我真心想要，几乎任何事情皆有可能。
_____9. 职业生涯中发生的大多数事情都是我所不能控制的。
_____10. 为太困难的事情不断付出努力，在我看来毫无意义。

**计分规则：**将第 1、第 2、第 4、第 5 和第 8 项的分数相加，总分加上 35，然后再减去第 3、第 6、第 7、第 9 和第 10 项的分数，最终得到的数字便是你的个人控制能力得分。以年轻人的平均得分为标准，得分在 60 分或 60 分以上属于高度内控，而得分在 48 分或 48 分以下则属于低度内控或外控。

在对此人格维度的早期研究中，指涉的术语是内控点和外控点。但在这里，我把这个术语简化为内在取向和外在取向；或者更简单一些，即内在和外在。尽管这个说法听起来与前面所讲的“内向”和“外向”有点相似，但实际上，这个维度与内倾 / 外倾的维度并不相同，与大五人格的其他维度也没有密切的关系。作为一种人格特质，尽管认为生活是否处于自己控制之中的倾向具有很强的稳定性，但我们依然可以通过人生经历持久地改变它。

## 控制感对行为的影响

许多研究都已证明，内在取向对人们的幸福和成功具有重要的积极影响。2 下面，我们通过四个方面来看一看，为什么内在取向要比外在取向更有利。

### 屈从于社会压力：外在者的思维梦魇

社会心理学早期的经典研究之一[①]证明了社会影响对知觉的作用。3 设想你是这项研究的被试，研究者告诉你研究的目的是评判你知觉辨认的准确性。和你同在房间里的还有其他 5 名被试。研究者让你判断屏幕上快速闪现的两条线段是否一样长。这是一个相当简单的知觉任务，有着明确的答案。实验者按顺序问每一位被试，你听到他们依次说“一样长”“一样长”“一样长”“一样长”“一样长”。现在轮到你回答了。你所不知道的是，其他被试都是研究者的同谋，按照实验设计，他们会故意说出错误的答案。

当你明明看到两条线段不一样长，但其他人都说一样长时，你会怎么办？即使两条线段显然不一样长，但错误答案给你带来的压力还是非常大。这就是

① 指的是美国社会心理学家阿希的从众实验，即线段判断实验。——编者注

真实实验中发生的情况：真被试顺应了其他人的一致意见，说他认为两条线段一样长。总之，人们受到了影响，损害了自己的判断。

然而，在后续研究中，研究者发现有些人能够抗拒这种影响，他们就是在内在性测试中取得高分的人。4

ME MYSELF AND US

**内在者可能会因其他人与他看法不同而感到困惑，但他们会毫不犹豫地宣布自己的判断；而外在者在遇到相同的社会压力时，更倾向于屈服于大多数人的判断。**

让人们改变态度的尝试也表现出了类似的模式。设想在一项研究中，研究者要求你评价新的课程体系，在评价前或评价后你会听到认可新课程体系的两段言论之一。在一种实验条件下，你听到的是实事求是但比较低调的言论；在另一种实验条件下，你听到的是对新课程体系的大力推销，它警告你如果不支持新体系，你就是愚蠢的。你会改变看法吗？

研究证明，外在者会根据两段言论改变他们的态度，低调的言论让他们改变了一点，大力推销让他们改变了较多。但是，内在者完全不为所动。更令人惊讶的是，在比较极端的影响条件下，内在者甚至发生了相反的改变，与言论大力鼓吹的方向背道而驰，有些人称之为“尿到你身上”反应。毫无疑问，这对给内在者施加太大压力的人来说绝对是一个警告。5

内在者是僵硬顽固的，当被逼着改变主意时，他们的反抗性会被激发出来。但是，证据显示情况并不完全如此。例如，当给人施加影响时，外在者倾向于受施加影响者的威望影响，而内在者则对信息的内容比较敏感，如果给出的理由足够有说服力，他们便会做出改变。

设想一下让内在者和外在者戒烟的情况。耶鲁大学进行过一项有趣的研究，这项研究的所有被试都是吸烟者，研究者要求他们扮演一个角色，这个角色会接受 X 光检查来查看肺部受损情况，并得到肺癌诊断。他们还接受了内在性测试。事实上，在实验后，内在者更有可能减少吸烟量或完全戒烟，但外在者没有受到影响。也就是说，内在者确实会发生改变，但条件是他们必须被逻辑或个人经历，甚至是模拟的经历所说服，因为只有这样才能让内在者看清楚问题。[6]

与之相反，对于疾病与事故，外在者更相信宿命论，他们相信运气对健康与幸福至关重要。在一次有关这个主题的公开演讲中，我讲到了这个吸烟的研究。演讲结束后，一位红光满面的中年男性向我走过来，他咧着嘴笑着，说他完全理解为什么外在者不太可能改变他们吸烟的习惯。他告诉我，他之所以戒不了烟，是因为他的祖父每天抽两包烟还活到了 91 岁高龄，而且是死于性高潮。他还告诉我，他的测试结果是极端外在，而且他为此感到骄傲。他期望像自己的祖父一样，直到临死，好运都一直伴随着他。这恰好证明了外在者的宿命论取向。对外在者来说，人生不应该以呜咽和啜泣为定论，而应该以快感与兴奋为定论。

## 冒险倾向：偏爱高风险选项

吸烟研究引发了一个问题，即一般来说，内在者是否比外在者更有可能避免冒险？研究证明确实如此。有人在底特律进行了一项研究，当司机在等红灯时，研究者会问几个问题以了解他们的内在性水平，而结果显示，得分高的司机中有较多人系了安全带，而得分低的司机中系安全带的比较少。当然，那时还没有制造出不系安全带就会不停地响提示音的汽车。[7]与之类似，相较于外在的大学生，高度内在的大学生更有可能使用避孕工具。[8]如果考虑到人格特质，外在者很可能具有以下三个特点：高度的外倾性、较低的尽责性和高度的外控性，而且很可能还具有第四个特点——已怀孕。

你是否排队买过彩票？前面的人在柜台前选择彩票数字，你等啊等啊，烦躁地跺着脚，你发现自己在有意识地克制着大喊的冲动，心想“随便选点什么吧，你这个白痴”。在这个情境中，前面的人很可能是个外在者，而你很可能是一个内在者。因为在随机事件上，外在者比内在者更投入，也就是说，他们会为这些事做准备，以更大的热情和努力从事它们。

但是，对于需要技能的事情，情况便反过来了。例如，设想你参加篮球罚球比赛，你会采取以下哪种方法？如果在标准罚球线外投中，你可以得 3 分；在两倍于标准距离的地方投中，你可以得 10 分。在两分钟的罚球时间内，你只能选择一个位置，总分最高者获胜，那么，你会选择哪个位置？在模拟这种条件的研究中，结果再次显示内在者不愿冒险，所以他们通常选择在较近的位置投篮；而外在者愿意在可能性较小的行为上碰碰运气，所以他们多选择风险较大的远投。

ME MYSELF AND US

**在随机事件上，外在者比内在者更投入，会投入更多的热情和努力；而在需要技能的事情上，外在者则比内在者更愿意冒险，愿意选择成功可能性较小的行为。**

我对控制点和人们在需要技能的情况下的表现很感兴趣，而这种兴趣给我带来了一些奇异的遭遇，其中一件是有人指责我对韦恩·格雷茨基[①]（Wayne Gretzky）施了魔法！以下便是事情的经过。

1980年，我在一个关于压力与控制的交流会上发表演讲，当时这是非常热门的主题。在提问环节之后，我们谈到面对挑战时，有些人会突然呆住，表现不出他们应有的能力水平。我提出这种情况更有可能发生在内在者身上，因为在技能性任务上他们会非常投入。这时，有一个人说他曾和格雷茨基家住在布兰特福德市的同一条街上，那时，格雷茨基还是个孩子。因为格雷茨基的常规强化练习和非凡的职业道德，所以他判断格雷茨基是个极端的内在者。这听起来没错。于是，我预测格雷茨基很难应对罚任意球的情况，因为这种情况下，球员必然会承受巨大的双重压力，一方面是个人抱负的压力，另一方面是外部期望的压力。

果然，在接下来的一场比赛中，格雷茨基第一次罚任意球，结果他没有罚中。在后来的一次比赛中，他再次罚任意球，还是没中。这种情况同样发生在他第三次罚任意球时。到第四次，他终于罚中时，我接到了埃德蒙顿广播电台的电话，他们问我是否对格雷茨基施了魔法。如果没有，我怎么解释我的预测与第四次罚球结果不一致的情况。对此，我只能说，温哥华加人队（Vancouver Canucks）的守门员理查德·布罗德（Richard Brodeur）可能比韦恩·格雷茨基的内控程度更高。

## 积极主动的人格：计划与实践的能力

到目前为止，所有证据都显示，内在者更经得起他人的影响，且不僵硬死板。另外，相对于靠运气的任务，他们在需要技能的任务上会更加投入。不过，

① 加拿大的职业冰球明星，得到2 857分的“伟大冰球手”，全球冰球传奇人物。——编者注

内在者与外在者更重要的差异是，对于要努力完成的任务和目标，他们所采取的方式不同。

ME MYSELF AND US

**对于要努力去完成的任务和目标，内在者倾向于采取积极主动的方式，而外在者则倾向于采取被动反应的方式。这里的积极主动，指的是提前做计划，知道如何将自己的志向与有助于实现它的具体方法联系起来。**

最早证实内在者具有这种积极主动取向的例子是《科尔曼报告》（*Coleman Report*）的数据，这些数据显示了美国学校中能够促进学业成功的因素。[9]报告显示，预测成功的最佳因素不是一些人们意料之中的因素，比如智力或社会经济地位，而是内控水平——内在者比外在者取得了更大成功。尽管人们对这个发现存在争议，但越来越多的证据，尤其是来自经济学家的证据显示，具有内在控制点的青少年，即内在的青少年，在学业和未来事业上会取得更积极的结果。[10]

体现内在者具有积极主动取向的另一个例子是对囚犯的研究。研究者对有资格获得假释的囚犯进行了内控性测试。结果发现，内在的囚犯比外在的囚犯更了解假释体系的原理，应该什么时候申请假释，以及如何向典狱长呈现假释理由。因此，他们更有可能通过适时而有效的方式获得假释。[11]

## 延迟满足：内在者的成功因素

内在者之所以能以富有成效的方式塑造自己的人生，原因之一在于他们比外在者具有更好的延迟满足能力，即“等待满足”。

针对4岁大的孩子，沃尔特·米歇尔及其同事进行了一系列非常有影响力的延迟满足研究。[12]实验者把孩子带入测试室，一次一个孩子，然后告诉孩子自己不得不离开房间。孩子面前的桌上放着一颗棉花糖。实验者告诉孩子，他可以马上吃掉那颗棉花糖，也可以等实验者回来，到那时，他就可以得到两颗棉花糖，不过，实验者没有说他多长时间后会回来。实验者悄悄监视孩子们的做法。有些孩子立马吞掉了那颗棉花糖，有些孩子会犹豫，有些孩子则一直等着实验者回来，然后得到两颗棉花糖。

观察4岁的孩子如何应对延迟满足的任务是很有启发性的，而且通常会逗得人哈哈大笑。有些孩子把鼻子贴在棉花糖上，有些孩子故意不看棉花糖，做各种分散注意力的事。那些非常擅长分散注意力的孩子最不可能屈服于诱惑。

这项研究令人着迷的地方在于多年后对这些孩子进行的追踪研究。追踪研究发现，那些能够抗拒诱惑，等待第二颗棉花糖的孩子具有更好的学业表现，在学习能力测验中也取得了更高的分数，这里说的学习能力测验是大学选拔委员会采用的一种高要求测验。[13]

## 控制感，应对压力的有效手段

设想你是噪音压力实验的一名被试。实验者将你带入实验室，让你戴上耳机，耳机里会发出一阵阵震耳欲聋的噪音，而你需要在噪音中完成一些简单的文书工作。你不知道噪音什么时候会出现，尽管它没有什么危险，但非常令人不快，就像站在喷气式飞机的旁边一样。事实上，耳机中的噪音正是录制的飞机引擎的声音。在进行文书工作的过程中，研究者会监控你的自主神经系统唤起水平，比如血压、心率和出汗。

完成这个阶段的实验后，实验者将你带入一个相当拥挤的房间，让你和其他被试在一起。在这个房间里，实验者会要求你完成一些任务，其中有些看似根本不可能完成。在这个阶段的任务中，你的表现如何？说得更具体一些，与没有经历过噪音，或能够预测噪音何时出现的被试相比，你的表现如何？

洛克菲勒大学进行的一系列重要研究便是为了解答这些问题。[14]最首要的问题是人们是否能适应噪音，如果能适应，那在接下来的任务中，他们的表现就不会受到太大影响。结果很明显，而且引人注目：尽管一开始噪音干扰会使被试自主神经系统的唤起水平升高，但很快他们便适应了噪音，唤起水平恢复到正常水平。不过，在接下来的任务中，对噪音的适应使他们付出了代价。与对照组相比，承受过噪音干扰的被试会犯较多的错误，会表现出更多沮丧和敌对的情绪。

与之相比，感觉自己能够控制噪音的来源会产生什么影响呢？两种过程经过些许变化的实验为我们提供了一些非常有启发性的解释。在第一种实验过程中，被试感受到的是随机噪音，他们比遭受可预测噪音的被试适应得更慢。这可以被视为一种类型的控制，虽然不是直接控制，但可预测性使得主观压力变得令人可以忍受。

在第二种实验过程中，实验者告诉被试，如果噪音令人忍无可忍时，他们可以按一个按钮，让噪音停止。值得注意的一点是，在已发表的研究中，几乎没有人按这个按钮。最后，研究者实际上已经不再安装这个按钮了，因为从来没人使用它。但是，认为存在按钮的被试获得了控制感，与那些认为自己没有控制力的被试相比，他们受益颇大：他们在生理上适应了噪音，很快恢复到基础的唤起水平，而且为这种适应付出的代价较小；在接下来的测试环节中，他们较少犯错，也较少表现出挫败与敌意。

我发现这些结果非常有趣，尤其是当它们被用到日常生活中的压力源时。想一想每天早上开车上班的过程。你根本无法预测前往目的地的路程是否畅通无阻。刚上路时，你会感到自主神经系统唤起水平的升高，但当你适应了早晨的路况后，唤起水平便会降低。可是即使你在生理上适应了，在到达目的地后你还是会付出心理代价。相对于上班时一路畅通、毫无压力的时候，此时，你更容易在工作中犯错，更暴躁易怒。而如果你能随时从高速公路上下来，走主干道抵达目的地，那么你的压力和为之付出的代价就会减小。

我认为，把压力研究中的按钮条件和适应情况等同于内控性，并不是过分牵强的。我们可以认为高度内在的人拥有一个按钮，在需要应对日常生活中的压力时，他们就可以按下那个按钮。比如，面临要求严格的考试时会怎样？按下你的“刻苦学习”按钮。想追一个靓妹或帅哥怎么办？按下你的“魅力”按钮。面对不确定的未来怎么办？按下你的“乐观”按钮。

根据到目前为止的证据，我想现在大多数读者都已经得出了结论，那就是内控点，说得更明白一些，就是主观能动的取向有助于人们实现生活中的抱负。

ME MYSELF AND US

**内在者更有可能抗拒有害的影响，避免不合理的风险，为实现重要目标而制订出清晰的计划。为了获得远期更大的回报，他们能够延迟近期回报。他们能够更好地应对日常生活中的压力，为此付出较少的代价。**

这让我们很难质疑这种取向的益处，不是吗？

## 丧失控制感，会发生什么?

若干年之前，在一个关于压力和抗拒改变的跨学科会议上，我担任一个讨论小组的发言人。我发言的焦点是日常个人计划中的控制点，涉及本章探讨的许多研究。最后有一个问答环节，远远地坐在靠门位置的一个人向我提出了以下问题："利特尔教授，你提到在有些研究中，研究者并没有真的安装那个按钮，是吗？"我答道："是的，我曾看过一个注释，专门对这一点做了补充说明。"他又问："那如果有人想按按钮，发现根本没有安装，他是不是会比那些从来不认为自己有控制力的被试更有压力？"

这是一个非常棒的问题。我想知道是什么启发他提出了这个问题，于是我问他是否是临床心理医生，在平常诊治病人的过程中应对过由压力与控制造成的问题。"不，我的工作与心理学不沾边，我是一个政治学家。来这里其实我是进错了房间，但当我意识到的时候已经太晚了，离开显得不太礼貌，所以就决定留下来了。按钮条件之所以让我着迷，是因为对我来说，它是有关政府与个人关系理论的完美模型。政府创造出人们有控制力的幻觉，人们信以为真，而当他们发现根本没有那个按钮时，便会攻击政府。"

听众们笑了起来，我也笑了，事情似乎就这样结束了。但这个问题一直折磨着我，在接下来的几个月里，我不断搜索着令人信服的答案。如果在更抽象的水平上表述这个问题，那么它涉及诸如控制力的丧失、控制的幻觉以及这类幻觉是适应良好还是适应不良等问题。我找不到一项检验这个问题的研究，但我发现了一些与这个领域密切相关的文章，它们提供了一些途径来更好地理解控制、幻觉和人类生活方式之间的关系。与此同时，通过这项调查研究，我得以反思一些会引发相同问题但形式更引人注目的个人担忧。

## 控制权丧失：幸福感急剧下跌

一开始，我挖掘的研究证实了到目前为止所确立的观点，即感觉自己能控制生活中的事件对人们的心理和健康都是有益的。老年病学的领域就特别能说明这一点。当养老院中的老人能够控制他们的日常生活事件时，这种控制感便会对他们的生活产生影响。对老人们而言，住进养老院的一个不利之处是失去了自由和控制力，因为他们是从自己家到了一个保健机构。而以这种对自由和控制力的丧失和减少为基础，学界进行了许多研究。

1976 年，埃伦·兰格（Ellen Langer）和朱迪思·罗丹（Judith Rodin）进行的一项研究发现，只要给予养老院的老人一些控制力，他们就能因此而获益匪浅。需要做出的改变相当简单：让老人们在看什么电影、房间装饰和照料绿植等事情上有更大的控制权就足够了。相对于那些由工作人员控制日常生活的方方面面的老人，那些拥有个人控制权和责任的老人更有活力，更快乐、健康，也更长寿。[15]

大约在兰格和罗丹做这些研究的同时，理查德·舒尔茨（Richard Schulz）与他的合作者也进行了一项类似的研究，并得出了一些出人意料的结果。[16]研究开始于舒尔茨在杜克大学的博士论文，他想探究对重要活动有控制感对养老院的老人有怎样的影响，他所说的重要活动就是社交。在一些非常好的养老院里，老人有机会参加适宜的社交活动，但在许多普通的养老院里，一天中的大多数时间，老人都是在不祥的气氛中沉默地坐着，他们也渴望社交活动。

舒尔茨安排一群杜克大学的学生去探望养老院的老人，他设计了两种探望条件：一种是老人对探望有控制权，另一种是学生掌握控制权。与此同时，还有一些老人不会得到学生的探望。在两种实验条件下，探望的时长和社交的其他特点都是相同的。正如预期的那样，相对于没有控制权的老人，感到自己能够控制探望活动的老人的行动更灵活，具有更强的主观幸福感，也更健康。研究进行到这里，已经证实了控制权与有益结果之间的关系。当然，这没有什么新鲜的。

但事实上，还有一些更新的情况值得我们思考。研究结束了，学生也毕业了，老人们对探望的控制权突然丧失了，而且显然没有人将这件事向他们进行清晰的解释。在追踪调查中，舒尔茨再次去探望了之前参与研究的那些老人，他发现，相对于从来就没有控制权的老人，那些一开始有控制权的老人的健康与幸福感水平显著降低了。更值得注意的是，他们的死亡率明显更高。

在仔细阅读这个研究结果时，我立即想到了那次会议上被提出的有关按钮与控制权的问题：如果你觉得自己能够控制重要的事情，但之后又失去了控制权，这时会发生什么？我认为在极端的情况下，这种控制权的丧失带来的后果可以说是致命的。

ME MYSELF AND US

**控制权与有益结果之间呈正相关关系。但若控制权突然丧失，人的幸福感、成就感等则会急剧下跌。极端情况下，甚至会产生致命的后果。**

## 时刻检查你的内控按钮

在查看更多的研究文献期间，我还经历了一些事情，这些事情再次说明了丧失控制感可能带来的后果。

多年以来，我教授过几十门人格心理学课程，既有入门水平的课程，也有高等课程。我发现，当一个班的大小比较可控时，比如一个班有三四十名学生，用一节课的时间来组织开展人格素描练习非常有帮助。

在上课的第一天，我告诉学生们怎么做这个练习。他们要给自己起一个假名，把它写在纸的最上面。做人格素描时，我要求他们写满正反两页纸，而且要用单倍行距。他们可以采取任何形式来完成人格素描，只要他们认为能够体现出自己人格的本质，例如可以把最具代表性的特征列成清单，可以概述从童年起的人格发展过程，等等。最重要的是，我要求他们以第三人称来写，也就是以一个非常了解他们，甚至比他们自己更了解他们的人的视角来描述。当学生们完成人格素描后，我会把每一份素描的复印件分发给班里其他同学，这样，在开始上课的第一周结束时，班里的所有 30 名学生都会收到其他 29 名同学的人格素描。

在班上分享匿名的人格素描会产生惊人的影响。在最初几节课时，学生的性格混成一团，无法分辨，但逐渐地，他们成了个性鲜明、千差万别的个体。除了没有人知道谁是谁之外，我还警告他们不要在人格素描中透露明显的身体特征，因为这样会破坏这项练习的匿名性。比如说，我不得不对一篇人格素描中的暗示内容进行了删减，因为作者在素描中提到自己是大学篮球队的成员，而全班只有一个人身高接近 2.2 米。在上课过程中，学生们会运用阅读和上课的内容来进一步完善并理解自己的以及其他学生的人格素描。一个学期中，他们要交给我两份修订后的人格素描，我把这称为课程“日记”。

人格描述和课程日记都非常吸引人，并对我产生了重要影响。在我第一次使用这个方法时，班上一个比其他同学大约年长 10 岁的女生这样开始了她的人格素描：“曾有人问，我们生活的道路是由自己决定的，还是由我们无法控制的外力决定的。”接着，她描述了从童年一直到二十五六岁的人生历程，其中充满了成就、成功与快乐，让人感觉她能够掌控自己的人生。然后，她用一段很短的文字描述了一系列让她内心受到沉重打击的事：孩子在一起事故中丧生，遭遇背叛，离婚，陷入崩溃。她对自己人格素描的总结是这样的：她终于从这些个人灾难中挺了过来，但再也无法感受到生活的乐趣。显然，她已经改变了自己的人生态度，认为人生会发生难以预料的残酷变迁。她会继续生活下去，但对于人生的脆弱性，她有了新的认识。她反思了自己的脆弱性，希望和年轻的同学们分享这些反思，而且宁愿放弃她的匿名性。她是一个优秀的人。

人格素描的练习还让我遇到了一件不可预料、不可控的重大事件。在学期中期，我阅读着学生们的课程日记，在日记中，他们会评价这门课程和所学的知识对自己人生的重要性。其中一篇课程日记的标题是“死亡威胁”，它的矛头指向我个人。我现在依然能逐字逐句地背出来，尤其是最后一段：“我要拿着姐夫在圣诞节送给我的左轮手枪，向你那双警惕的小眼睛之间射击。不要靠近流经校园旁的那条河，因为我的枪已蓄势待发。”

我不得不难为情地承认，我的第一反应是在心里想“‘警惕的小眼睛’是什么意思”，直到几秒钟之后，我才意识到这个问题可能很严重。他的威胁引发了一些离奇的遭遇。

首先，我需要查看这是一个恶作剧还是真实的威胁。训导主任，尤其是大学健康服务中心的精神病医生认为这不是一个恶作剧，我完全有理由通知警方。警察让我说出这个学生的名字，虽然我知道，因为他在课程日记上写了名字，但我拒绝了。

那是一个星期五，这个学生本该因为发出死亡威胁而被捕，并在监狱里度过周末。但我想，如果这仅仅是个恶作剧呢，虽然是一个相当令人费解的恶作剧？另外，这个威胁是在课程练习的背景下产生的，而我向学生们承诺过会为他们保密。所以我决定暂时不对他提起控告，虽然当我这样说时，学校的法律顾问又是翻白眼，又是咂舌头。

通常很悠闲的校园安保人员对这个案件最感兴趣，事实上，是极其热衷。他们担心我安排在下周二早上的工作，详细指导我如何应对这种局面。其中最能干的一个人表示会镇守在我办公室旁边的房间，而且会在墙上扣一个玻璃杯监听我办公室的动静，如果听到从我办公室里传出枪声等任何威胁性的声音，他就会立即打电话给当地的警察。但这并不让人很放心。

我非常担心我年幼的孩子的安全，而且我发现，如果不说出警察不断提到的那个“可疑学生”的名字，在家也很难保证安全。我还担心当发生对抗时，实验室里的学生会有危险。安保人员已经警告了学生们这里可能会出现威胁，但他们对我的行为突然发生了改变。“嘿，布赖恩，你能尽快写完给我们的推荐信吗？”我认为他们是在开玩笑，不过也可能是真格的。

最后，死亡威胁被证明是一个恶作剧，但那个学生也从未充分地解释过写这篇日记的动机。生活恢复了正常，这件事也没有对我产生任何消极影响。不过，我的内控性取向发生了改变，这起事件与当时面临的其他挑战共同改变了我作为一个绝对内在者的控制感。我开始认为控制感因情况而异，是很微妙的。我不再想当然地认为自己拥有控制力，而是学着检验自己的假设，审视周围的环境，试图发现潜在的危险。总之，我学会了仔细检查我的按钮。

大约在死亡威胁事件发生一个月后，我在另一个班上遇到了第三起与学生的人格素描相关的事件，这次与烟盒有关。在之前的课程中，我给学生们讲过有关压力、控制和按钮条件的实验。我还给他们讲过会议上那个人提出的问题，以及当人们发现自己的按钮无效时会发生什么。有一次下课后，一个瘦瘦高高、满头卷发的男生走过来，我记得他是建筑系的学生。他塞给我一张纸，说那是他就这个主题写的课程日记，然后又补充了一句："检查一下你办公室的门。"当时，我正要离开学校，但出于好奇，我还是返回了办公室。办公室门上吊着一个烟盒，从里面伸出一些电线和一个大大的铜按钮，烟盒上写着"按我，看看会发生什么"。我不认为自己是个非常愚蠢的人，但我也从来不真的觉得这有什么危险，我觉得这是一种聪明的象征手法，象征着学生最近听到的课程，于是我哈哈一笑，然后走开了。

机智的安保人员仍记得一个月前的事件，所以，根据我的判断和第二天其他办公室同事的描述，学校的安保人员在看到门上这些东西时并没有笑。第二天早上，我乘坐电梯去办公室。电梯门一开，我就看到训导主任和安保负责人正等着拦截我。他们对我说，现在一切都没事了，但昨天夜里我的办公室发生了一起事件。显然，安保人员看到了我办公室门上的烟盒、按钮和电线，然后通知了警察。警察带来了防暴小组，轰开了我办公室的门。"谢天谢地。"安保负责人说。

我始终不理解破坏我办公室的门背后的逻辑是什么，但整个事件似乎象征性地代表了我刚刚经历的离奇的一个月。我把那个带着铜按钮的烟盒保存了起来，并把它当作我最有价值的财产之一。它提醒我给学生们授课可能会面临潜在的危险，看似简单的按钮蕴含着奇异的复杂性，无论是真实的，还是虚有的。

## 适应性幻觉：避免消极现实的干扰

有些读者可能在本章开篇的内在性测试中取得了很高的分数，我可以想象得到他们会因为本章所讲的内在取向具有的许多优点而感到很开心。这与大多数人在成长过程中得到的建议其实是一致的，尤其是那些受过良好教育并被鼓励追求高标准的人。父母师长让我们相信，我们能够掌控自己的命运，心有多高，舞台就有多大。

但似乎有一些研究在警告人们，控制感是建立在幻觉的基础上的，比如噪音压力研究中没有安装的按钮，养老院研究中老人不现实地期望着探望会继续，以及我班上那位女生切中要害的叙述，她的人生因为不可控的原因而分崩离析。这些研究都值得我们深思。

人们需要确定，他们认为存在的按钮是否真的被安装上了。而要确认这一点，首先，人们需要客观的反馈，了解自己在不同领域中的能力，毫不畏缩地面对各种问题。其次，要为符合自己能力与志向的目标付出努力，应该仔细查看自己所处的环境，了解它们对于完成个人计划是有帮助，还是有妨碍。当然，很多时候这个过程会让你感到不安，甚至有威胁感。最后，在投身于人生中新的冒险事业之前，人们需要坦诚地面对自己，同时也要求他人对你坦诚相待，即使他是你想要向其寻求建议和咨询的人。

幻觉往往是与他人合谋的产物，而这里的他人，可能对你长期的幸福有投入，也可能没有投入。思考一下下面这个合谋幻觉的例子，这是有天早上我在大学的自助餐厅里无意中听到的。

排队时，一位其他系的教授站在我前面，我听说过他好色的名声。与其名声相符的是，他正与一个非常吸引人的年轻女孩在一起，他的视线一刻也不离开那个女孩。女孩在抱怨她的课程。她觉得英语还挺有趣，但她非常讨厌数学，物理和生物都挂科了，而且她觉得化学很“愚蠢”。不过，按照女孩所说的，她真的“非常非常想成为一名妇科医生”。这位教授凝视着女孩的眼睛，愉快地说："大胆去尝试吧。"

我真的很想对那个女孩大喊："不要试了！为了那些你想要治疗的女性的子宫，不要去做妇科医生！你可以围绕子宫进行创作，甚至可以创作《阴道独白》（*Vagina Monologues*）的变化版本，就是不要进入医学界！"不过我一个字都没说，毕竟不该由我来质疑她的幻觉。后来我了解到，她在所有科目的考试中都不及格，包括英语，最后她去了俄勒冈州一所新时代学院学习解读塔罗牌和外国的按摩手法。我猜她会学得很好。

如果她在我的班上，听过有关按钮与控制的课程，那么我至少会让她反思一下自己的能力与志向。和班上其他学生一起，我会不失尊重地建议她反思一下，虚幻的热情是否对她的人生追求和核心计划造成了不当的影响。[17]而且对于那些她在人生选择上向其寻求指引的人，我会告诉她，一定要确保他们是尽可能客观的，确保他们愿意告诉她，她的某些按钮与她的连接磨损严重，很可能会出故障。尽管对她逢迎讨好的教授朋友没有为她提供客观的反馈，但她的考试分数提供了，所以，最后她还是会从事符合她人格、取向和能力的职业。显然，她是一个可爱迷人的女孩，应该正处于最好的年华，但我怀疑她仍需要有人帮助她应对按钮的问题。

内控点与外控点研究所引发的最核心的问题是，有些幻觉是否可能会提升人们的幸福感。许多实验结果都显示，人们通常都有大量的积极幻觉，比如相信自己能够控制客观上不可控的事件，或者相信自己拥有令人喜爱的人格特质，虽然别人说你没有。例如，你是否觉得自己拥有高于平均水平的幽默感？事实上，每个人都这么觉得，但从概率的角度看这是不可能的。这类幻觉只要不太过分，其实就是适应环境的一种体现，能够提升幸福感。[18]

ME MYSELF AND US

**积极幻觉指的是人具有不现实的积极的自我概念夸大、个人控制感的知觉，以及不现实的乐观主义。只要在合理范围内，积极幻觉通常有利于人更好地适应环境，提升幸福感；当然，有时也会阻碍对目标的追求。**

如果比较那些不幸福的人，即那些非常抑郁的个体，我们会发现他们对控制力和偶然性的感知比不抑郁的人更现实。那么，这是不是说相对于其他人，抑郁者虽然比较不幸福，但却比较明智呢？当然，他们感到更不幸福，同时我认为他们或许能更准确地认识自己的控制力和个人力量。但他们更明智吗？我不这样认为，这关系到在什么时候运用幻觉的问题。

采用积极的幻觉有时具有适应作用，有时则会妨碍人们追求重要的目标。[19] 知道如何追求你的目标，以使它们获得成功的可能性达到最大，显然是智慧的关键构成部分。例如，当人们决定是否要采取某种行动时，比如投身于某个研究领域，换工作或者升级与某人的关系，有益的做法是摆脱幻觉，接受现实。广泛地查寻相关信息，了解这件事是否值得做，是否有可能成功，能降低你半途而废的可能性。否则，你可能会突然面临意想不到的结果而目瞪口呆。

然而，一旦人们开始投身于某个计划或追求而采取积极的想法时，避免被消极现实干扰便是有益的。在热火朝天的奋斗过程中,幻觉变得具有了适应性。但这必须是在对自己的能力和信念做出了现实的评估之后，而且得清楚地知道自己日常的生态体系将在多大程度上促进或妨碍这个追求。

在本章开篇我引用了三个警句，它们代表了在控制感和幸福感上对比鲜明的三种观点。在《甜蜜的生活》（*La Dolce Vita*）中，费里尼（Fellini）塑造的人物致力于控制他的人生，这样便没有事情会扰乱他平和的内心。任何来电都不会对他的幸福造成威胁，幻觉就是他的守护者。与费里尼相反，赫胥黎采取了相反的观点，他告诫人们幻觉是多么暴虐，现实主义将会取得胜利：如果摒弃客观性，我们将承担一切可怕的后果。所以，当电话铃响时，人们应该毫不畏缩地把它接起来。最后，伊拉斯谟（Erasmus）[①]提醒我们，伴随着幻觉的生活是人类生存状况的一部分，或许也是应付复杂而令人困惑的生活的自然之法。

年轻时，就像我的大多数学生那样，对能动性和控制力虚幻的信念可能会把人们引向令人沮丧或痛苦的方向。但这种幻想也可能会使他们能够一直保持状态，在生活中发现新的更有可能成功的机会。尽管有时人们的按钮连接已磨损不堪，还存在着乐天的幻觉，但对生活却有一种既慎重又大胆的态度。它既不是虚幻的，也不是压抑的；它既具有适应性，同时也不受宿命论左右。我们需要把这种态度融合到对生活得如何，以及未来的生活会如何的思考中，而这种态度就是希望。

① 中世纪著名的人文主义思想家和神学家。——编者注

# 人格与健康：坚韧性如何变成健康杀手？

MYSELF ME AND US

**关于人格与健康，你认为下列哪些判断是正确的?**

A. 相比于普通的人，强势、时间紧迫感强的工作狂通常健康状况较差;

B. 当感受到大量的敌意，人们通常会收缩自己的情绪，从而改善健康状况;

C. 如果控制、承诺和挑战成为人格的核心，他的健康状况会改善;

D. 如果控制、承诺和挑战成为人格的核心，他的健康状况会变差;

E. 对于工作狂来说，无止境地忙于工作通常并不会影响健康。

扫码做题，获取答案及解析。

> 人不是希望被爱的友好的动物。相反，他们具有很强的攻击本能。
>
> ——西格蒙德·弗洛伊德

> 悲观的人常常认为造成挫折或失败的原因是永久的、普遍的，而且全是自己的错。相反，乐观的人具有坚韧性，他们把自己所面临的挫折看作特定的、暂时性的，是别人行为的结果。
>
> ——马丁·塞利格曼：《真实的幸福》

二月一个寒冷的早晨，我坐在候诊室等着进行一年一度的体检，但我看到了非常令人不安的事情。有一位男士坐在我旁边，他三十五六岁的样子，面颊红润，长着一双蓝眼睛，有点秃顶，好像正在玩杂志上的填字游戏。不过他突然变得烦躁不安了起来，脱口说道："天哪，我要死了！"

我的第一反应是觉得他真是选了一个好地方来认识到这一点，但我抑制住了这种想法。接下来我想到的是，扫一眼他的杂志，看能不能从中得到一点他突然爆发的线索。确实能。那是一本流行杂志，而我立即意识到杂志中有健康问卷。可是，他读到了什么，他的担忧是否合理？

如果你能保证不尖叫出来，也可以做一做这个问卷。这个问卷是要你查看过去 12 个月里，生活中是否发生过以下 43 种事件。

生|活|事|件|改|变|量|表 1 ME MYSELF AND US

| 生活中的事件 | 赋值 | 如果发生过，请打钩 |
|---|---|---|
| 1. 配偶去世 | 100 | |
| 2. 离婚 | 73 | |
| 3. 夫妻分居 | 65 | |
| 4. 在监狱服刑 | 63 | |
| 5. 亲密的家人去世 | 63 | |
| 6. 受伤或生病 | 53 | |
| 7. 结婚 | 50 | |
| 8. 被炒鱿鱼 | 47 | |
| 9. 夫妻和解 | 45 | |
| 10. 退休 | 45 | |
| 11. 家人健康状况发生改变 | 44 | |
| 12. 怀孕 | 40 | |
| 13. 性生活遇到困难 | 39 | |
| 14. 增加新的家庭成员 | 39 | |
| 15. 业务重新调整 | 39 | |
| 16. 财务状况发生改变 | 38 | |
| 17. 好朋友去世 | 37 | |
| 18. 转行 | 36 | |
| 19. 与配偶争吵的次数发生了改变 | 35 | |

| 生活中的事件 | 赋值 | 如果发生过，请打钩 |
|---|---|---|
| 20. 大额的抵押贷款或贷款 | 31 | |
| 21. 丧失抵押品的赎回权 | 30 | |
| 22. 工作责任改变 | 29 | |
| 23. 儿女离开家 | 29 | |
| 24. 与姻亲的关系不和 | 29 | |
| 25. 取得杰出的个人成就 | 28 | |
| 26. 配偶开始工作或停止工作 | 26 | |
| 27. 开始上学或大学毕业 | 26 | |
| 28. 生活条件发生改变 | 25 | |
| 29. 个人习惯发生改变 | 24 | |
| 30. 与老板的关系产生问题 | 23 | |
| 31. 工作时间或工作条件发生改变 | 20 | |
| 32. 住所发生改变 | 20 | |
| 33. 就读的学校或大学发生改变 | 20 | |
| 34. 休闲、娱乐活动发生改变 | 19 | |
| 35. 教会活动发生改变 | 19 | |
| 36. 社交活动发生改变 | 18 | |
| 37. 适度的抵押贷款或贷款 | 17 | |
| 38. 睡眠习惯发生改变 | 16 | |
| 39. 家庭聚会的次数发生改变 | 15 | |
| 40. 饮食习惯发生改变 | 15 | |
| 41. 度假 | 13 | |
| 42. 过圣诞节 | 12 | |
| 43. 轻微地违法 | 11 | |
| | **你的总分：** | ________ |

**计分规则：**左侧一栏中每个事件都被赋予了一定的分值，把你打了钩的事件的分值相加，就得到你的总分了。

以下是对得分与你健康状况之间关系的解释。

| 分数 | 解释 |
|---|---|
| 300 分以上 | 近期你非常有可能患病 |
| 150~299 分 | 近期你有中等程度的可能性患病 |
| 150 分以下 | 近期你患病的可能性介于很低与中等之间 |

## 别轻信健康测试！

现在请放松，尽管你刚才做的霍姆斯－拉厄量表非常受欢迎，但一会儿我会指出它的一些缺陷。不过现在，你需要知道那天坐在我旁边的男士，也就是查德，在加总完分数后为什么会大叫起来。因为他得了 423 分，并且在杂志上读到超过 300 分便表示“近期非常有可能患病”，所以他非常担心。

我与查德聊了几分钟，并说服他一定要慎重看待杂志上对分数的解释。不过，在讲那次讨论的内容之前，我先来说一说这个量表的局限性。

20 世纪 60 年代中期，精神病医生托马斯·霍姆斯（Thomas H. Holmes）和理查德·拉厄（Richard H.Rahe）设计了这个量表，希望为关于压力与健康问题的流行病学研究创建一个简单的测量方法。量表的基本原理是，日常惯例被打破会给人造成压力，而且其中一些生活事件会产生严重的破坏性影响。反过来，压力会导致健康受损，造成各种各样的健康问题。另外，一些早期研究也显示，生活事件改变造成的压力与健康问题之间存在着明显的相关性，虽然其相关性只为中等。这个量表最有趣的地方是它认为积极事件，比如结婚或找到新工作也会造成压力，因为它们扰乱了人们的生活。

像前面介绍的迈尔斯－布里格斯人格类型量表一样，霍姆斯－拉厄量表也主要出现在大众媒体中，量表的结果有时会激发人们的兴趣，有时也会引发惊慌，就像查德一样。尽管这个量表有一些优点，但也存在若干问题，这就是为什么我会警告你对通过这个量表得出的任何结论都须保持谨慎的态度。

第一，思考一下每个事件被赋予的分值。其基础是研究者对每个事件的破坏性的估计，而且研究者把配偶去世的100分作为了比较标准。但是，这种标准化的权重会掩盖个体对于相同事件的重要性可能有完全不同的看法的事实。比如说，如果一个女人看到丈夫被病痛折磨了很多年，那她可能会对丈夫的死感到释然，而不是痛苦。尽管她不可避免地会感到悲伤，但是与那些失去爱人就彻底六神无主、悲痛欲绝的女人相比，她的压力水平一定比较低。所以，让经历生活事件的人自己来为不同事件赋值是不是更合理呢？

第二，不同事件的分值要被加总起来。但是有可能一些事件，比如在配偶去世后搬到另一个城市，其实是可以降低而不是增加人们的压力水平。总之，各种生活事件构成了一个系统，我们需要知道各种事件彼此之间有怎样的联系才能更好地判断。

第三，尽管把诸如结婚和晋升这样的积极事件纳入进来具有理论上的意义，但研究显示，只有消极事件与健康状况下降有关。[2]

第四，注意某些事件，比如性爱、饮食和睡眠上的障碍，可能本身就构成了健康问题。从之前的健康问题预测出以后的健康问题并不令人吃惊，就像预测蝌蚪非常有可能成为青蛙一样，将这类事件包含进来并不能提供什么信息。

因此，查德怎么样了呢？我们交谈了一下，他给我看他的答案。因为勾选了“过圣诞节”这个项目，他的压力分数又增加了12分，这让我们俩都笑了起来。最近，查德结了婚，从读研究生的地方搬回了家乡，而且他很高兴现在能住在妈妈的附近，他妈妈仍住在家乡。6个月前，他的父亲因为非常痛苦的神经退化疾病而去世了。今天他来这里做一年一度的体检。

注意，根据查德的情况来说，量表中列出的一些消极事件，其实可能都是有利于健康的。如果只考虑消极事件，而不考虑那些可以降低消极事件严重性的事件；如果忽视结婚和搬家，因为对查德来说这两件事都棒极了；如果不考虑他胳膊肘受伤的情况，那么，我想查德的压力水平和健康风险会非常低。尽管在候诊室里我们没有详细地探讨这个问题，但我确实告诫他要小心对待这类测试得出的健康状况下滑的结论。事实上，我只是对他说：“真的别为此担心。”回想起来，我真希望自己当时能告诉他更多细节。

查德，如果你碰巧买了这本书，当读到这章时，你会发现很多与人格和健康有关的内容，这比我在那个寒冷的早晨能告诉你的更多。如果你像查德一样，也曾经历过变故很多的一年，那么请暂时抑制住尖叫的冲动，继续读下去吧。

## 坚韧性，为健康保驾护航

20世纪70年代中期，芝加哥伊利诺伊贝尔电话公司的员工接受了霍姆斯－拉厄测试。在该公司执行副总裁卡尔·霍恩（Carl Horn）的鼓励和支持下，芝加哥大学杰出的人格心理学家萨尔瓦多·麦迪（Salvatore Maddi）开始对大量公司的员工进行长期的人格、压力、应对和健康评估。麦迪和霍恩意识到，由于资产剥离与撤销管制法律对电信行业的影响，公司不可避免地会发生重大的破坏性改变。1981 年，贝尔电话公司大量裁员，员工从 26 000 人减少到约 14 000 人，这导致员工的压力急剧增大。在整个动荡时期，麦迪及其同事对员工持续进行研究，这让他们有机会详细探究在此期间员工的情绪健康与身体健康发生了什么变化。3

研究结果非常有趣。大约三分之二的员工出现了健康状况下滑，绩效降低的情况，但其余三分之一的员工似乎能有效地应对这些改变，表现出了很强的适应力，没有在动荡中受到任何伤害。这两类员工有什么不同？他们在霍姆斯－拉厄量表上的得分没有差别，也就是说，没有受到裁员压力伤害的员工和受到裁员压力伤害的员工经历了一样多的生活事件的改变。将两个群体区分开的是一系列人格特点，麦迪及其同事称之为坚韧性。

坚韧性包含三个主要方面：承诺（commitment）、控制（control）与挑战（challenge），也就是坚韧人格的 3C。体现承诺感的做法是充分投入到日常事件中，而不是感到被他人孤立和排斥。相对于被动、感到无力的员工，设法努力对生活事件的改变施加影响的员工会表现出更强的控制感。挑战感是面对改变的一种态度，它使人们把积极改变和消极改变都视作成长与学习的机会。总之，这项研究与后续的各种追踪研究都得出了以下结论：

ME MYSELF AND US

**当控制、承诺和挑战构成了某人人格的核心部分，那么他的健康状况就会得到改善。**

这就是我想告诉查德的。即使在霍姆斯－拉厄量表上的得分真的很高，如你所知，我对此表示怀疑，他也应该知道，日常生活中的压力无处不在，我们不应该认为唯一的有利于健康的应对方式就是逃避生活，如果选择了逃避，一定会有各种风险伴随而来。相反，查德应对这些改变的积极取向和应对方式，能够减轻这些改变所引发的大多数潜在健康危害。

## A 型人格：潜在的健康杀手

现在来看一种非常与众不同的人格特点，它同样会对人们的健康造成影响，那就是 A 型人格，也被称为冠心病风险人格。这是行为医学与健康心理学领域被研究得最全面的概念之一。大多数人都听说过 A 型人格这个概念，它已经成为人们谈论生活方式时常会提到的一个词。比如，在一次有关 A 型行为的演讲中，我让听众说出一些他们认为与 A 型人格者行为有关的特征，我发现人们对这个概念的理解具有惊人的一致性，最常被提到的特点是时间紧迫感、强势和竞争性。正如我们将要看到的，这些特点确实体现了 A 型人格的“表面”特征。如图是某个人的日程表，它非常形象地说明了 A 型行为的一些重要特点。

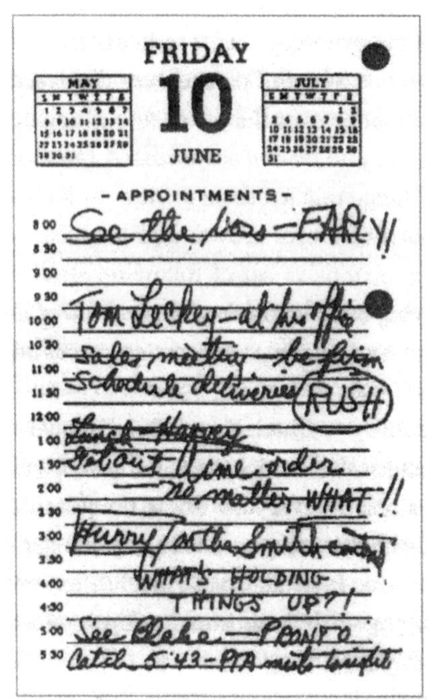


首先，日程表明显地展示了时间紧迫感。日程表中“及早”“赶紧”和“很

快”这些词全是用大写强调的。其次，日程表中体现出了竞争性，当事人告诫自己要坚决，“无论如何”都要完成销售目标。最后，当事人敦促自己别忘了5：43要去参加家长会。事实证明，那会是他最后一次参加家长会，因为在写完这些日程安排后不久，他就因心脏病发作而去世了。[4]

A型人格显然与健康问题有关。与之相反，这种人格所具有的优点就不那么显而易见了，不过，这些优点能够为人们提供幸福的其他构成要素，比如成就与事业有成。想一想那种可以适用于任何工作的招聘广告，他们想要找的人要工作努力、野心勃勃、非常投入、不惧挑战，并且要具有带头作用。我还从来没有见过一则招聘广告这样写：“求贤！寻找胸无大志、厌恶奉献的懒人。”论及应聘工作，轻松自在的态度真的不灵。

还有证据显示具有A型人格的员工更有效率，因此更有可能取得成功，尤其是在竞争激烈的环境中。例如在我所处的大学教育与研究领域中，A型人格者的研究被引用的次数更多，也就是说，与不那么积极进取的学者相比，其他学者会更经常地引用A型人格者的研究。

需要提醒的一点是，A型人格者不仅会给自己提出挑战，也会给同事、家人和朋友提出挑战。他们的互动方式可能会让人产生挫败感。与不具有A型人格的人相比，A型人格者嗓门更洪亮，身体语言更具有表现力，而且常常会打断那些在他们看来说话太慢的人。他们生硬，缺乏耐心，容易感到沮丧，尽管这些特点有利于推动他们正在做的重要事情。在这个过程中，A型人格者还可能会发现其他人在躲着他们，因为和他们互动时会感受到很大的压力。

A型人格者最有趣的特点之一是他们对自己身体的压力信号不敏感，这是因为他们太专注于手头的任务了。几年前我亲身感受过他们的这个特点。那时我是一个重要会议的筹备委员会成员，需要在一年中召开若干次会议。委员会的主席显然是一个A型人格者，他的工作强度和专注度都令人叹为观止。当我挂断他的电话时，往往已是深夜。而且每次跟他打电话，我都觉得耳朵好像被他喷上了好多唾沫，需要擦一擦，因为他说起话来就像霰弹枪发射时一样猛烈。不过这还算好的，在委员会召开的线下会议上，他的人格才算展现得淋漓尽致。

委员会通常在下午4点开会，目的是回顾一下工作进展，预计会在5点左右结束。有一次会议上，主席因为预算问题而非常焦虑不安。在其他委员会成员看来，他显然是紧张坏了：他一脸苦相，额头出汗，牙关紧咬，握着拳头。但他自己没有注意到这些紧张的迹象，也没有注意到当时钟转到大约7点时，委员会其他成员疲惫和气恼的迹象。没有人指出他的问题，这直接导致了他由衷地相信预算问题是整个宇宙中最重要的问题，而且我们知道，如果无法处理好这个问题，生活对他来说就好像世界末日即将来临。他块头很大，脾气又非常暴躁，而且没有被选入下一届会议的筹备委员会。

那么，什么样的描述能抓住A型人格者的主要特点，又不带有过多评头论足的意味呢？我认为比较公正的说法是，A型人格者具有三个鲜明的特点。第一，控制感对A型人格者来说很重要，他们非常担心失去曾经拥有的控制力。控制意味着他们能够毫不延迟地完成其目标。第二，A型人格者对生活非常投入。承诺意味着他们会坚持完成对他们来说很重要的任务，能够反抗任何妨碍他们的人和事。第三，他们会在日常的任务中寻求挑战，而挑战能够让他们充满活力和激情。挑战意味着冲突，意味着需要在重要的竞争中获胜。这就是对A型人格者的简要总结。

也许你能回想起来，A型人格与患心脏病的风险存在关联，所以，我们可以得出结论：如果人格的核心组成是控制、承诺和挑战，那它在某种程度上会危及健康。

## 人格与健康的矛盾关系

> 如果人格的核心组成是控制、承诺和挑战，那它在某种程度上会危及健康。

在前文中，我总结说控制、承诺和挑战是坚韧性的核心特征，有助于防止健康问题。现在我又总结说这一同样的性格特点与人类痛苦的重要来源——心脏病有关。所以，我们面临着一个彻底的矛盾：控制、承诺和挑战既能改善健康，又会危害健康，到底怎么回事？

### 敌意：引发健康问题的行为病原体

在解决这个明显的矛盾之前，我需要先处理几个问题，就从 A 型人格的表面特点与深层特点的对比入手。之前我提到了很多区别 A 型人格者与其他人的主要表面特点，这说明在这种人格中还存在更深层的东西，那就是导致患心脏病风险提高的“行为病原体”。真的是这样吗？

有一个很有说服力的证据显示，在 A 型人格不同的特点中，敌意才是核心病态特点。[5] 简言之，敌意能要你的命。想一想那些令人气恼或令人充满敌意的生活事件。比如说，今天前面的司机开车速度慢得可笑，你愤怒地想：那些白痴难道不知道吗，黄灯并不意味着减速！又比如说，今天早上的电梯慢得令人无法忍受，你想：一定是 23 层的那些混蛋互相帮忙挡着电梯门，让那该死的门一直开着。又比如说，你在杂货店收银台前排着长长的队，却有一个超级大笨蛋迟迟决定不了他的彩票数字。这类事情数不胜数。

是敌意这种深层特点而不是紧迫感或工作狂这类表面特点引发了健康风险，意识到这一点具有重要的实际意义。例如你猜想自己的配偶有 A 型人格，假设他是男性。是的，虽然可能性较小，但的确有些女性也具有 A 型人格。你们决定去加勒比海度假，并已为之筹划了很多年，一直在为之攒钱。到了度假胜地，你们来到海边，在沙滩上伸展开身体，尽情享受着阳光、冲浪和有着异国情调名称并带着小伞装饰的奇特饮料。你 A 型人格的丈夫曾是一名运动爱好者，但这次度假他带了几个工作文件夹和笔记本电脑，不过他答应把这些都放在酒店房间，只在出现非常紧急的事情时才去处理。在海滩上待了 3 分钟后，他突然想起忘了拿想带到海滩上看的杂志，于是跑着离开了。你知道会发生什么吗？一个小时后，当你回到酒店房间时，你会发现他依然在那儿，偷偷地回着邮件，因为他说如果没有他，公司就会垮台。

这时你想做什么？我猜许多妻子肯定都觉得是时候严肃地谈一谈了。你想当面质问他，告诉他至少这次度假期间应该好好放松一下。这是在度假，而他这样会毁了你的假期，也是在摧毁他自己和他的健康，他最好是回到海滩上去放松放松，否则……这难道不是为了保护所爱之人的健康而应该做的吗？

不，这不是。这样做是错误的。

ME MYSELF AND US

**时间紧迫感、忙碌的生活节奏和想要有控制感不是导致健康出现问题的病原体，它们背后的敌意才是。**

你丈夫内心深处可能潜藏着敌意，也可能没有。如果没有，那么当他明显在投入地工作时，逼迫他去放松反而可能会引发敌意，而这正是我们想要避免的。另外，如果他已经是一个充满敌意的A型人格者了，那情况甚至会更糟，你可以用其他方法来应对这种夫妻间的冲突。在结束本章前我会介绍一种方法，不过，首先我们要解决坚韧性与A型人格间的矛盾。

## 洞察力：感受敌意的关键

想一想坚韧性与A型人格的三个核心方面，它们导致了矛盾的结论，控制、承诺和挑战既能促进健康，又会危及健康。

正如上一章讲到的，控制是一个复杂的概念。当从坚韧性的角度来看时，控制感指的是人们认为自己能够对重要的事件产生影响。但从A型人格的角度来看时，控制体现了人们操纵性和适应不良的一面。回忆一下在第1章中有关敌意的探讨，敌意就是试图牵强地证实你已经开始有所怀疑的个人建构。我认为这种理解也适用于A型人格者的情况。确实，早期对A型人格的一个假设就是，A型人格者比较缺乏自尊，他们需要寻求并捍卫自己的控制感，目的是应对自尊遭遇的挑战。

与A型人格者不加选择的控制相比，坚韧者的控制感更灵活，更有节制。用第5章中的概念来说就是，坚韧者知道按钮的存在，知道该在什么时候按按钮，什么时候采取其他策略。

承诺的问题则更加复杂。我认为A型人格者可能采用了以下两种策略中的一种，我把它们称为过度承诺和短视的承诺。过度承诺是指对日常任务或临时出现的任务投入太多，但是这类投入没有什么价值。过度承诺会导致A型人格者的生活中被塞入过多的任务，随着承诺越来越多，有效应对每个承诺所付出的成本便会急剧减少，也就是说，其效率会急剧降低。相反，短视的承诺就是将所有的能量与热情都用来追求一个高于一切的目标，将其他事情都排斥在外。

与 A 型人格者的这两种行为方式相比，坚韧者的承诺更有辨别力，他们能够根据所面临的事件和所关注的事情，按照需要来聚焦其能量和注意力。

A 型人格者与坚韧者在对挑战的处理上也是不同的。对 A 型人格者来说，有非常多的事件和任务会引发具有竞争性和挑战性的反应。我的一位同事给我讲过一个他 5 岁女儿的故事。一天早上妈妈开车送女孩去学校，女孩突然问："那些开车特别慢的白痴都去哪儿了？"她妈妈温柔地回答："亲爱的，只有当你爸爸开车时他们才会出来。"频繁变道或一下穿越几条车道的行为反映出 A 型人格者时刻准备着战斗，始终保持着警觉，这会给健康造成很大的压力。

A 型人格者会以绝对不妥协的认真态度来应对生活中的挑战，而坚韧者则不会采取这样的态度。我认为，坚韧者会把挑战看成游戏，当然，并不是无足轻重的游戏，而是需要全力投入，令人充满激情，甚至有点玩耍性质的游戏。正是这种不带敌意的方式起到了保护健康的作用。

我曾经给我孩子所在的足球队当过教练，每次比赛时，场外父母们的怪诞举动都像球场上孩子们的比赛一样令我感兴趣。有一场比赛我记得特别清楚，当时我们这边落后 3 分，而下半场就快结束了。瑞奇的爸爸格斯是一个非常令人讨厌的人。在整个比赛期间，他都一直苦着张脸，皱着眉头，即使在球队表现非常好的时候也是如此。在球队失利时他又怎样呢？他把这种情况看作个人造成的结果，并冲着瑞奇大吼："瑞奇，拼了！这可不是该死的游戏！”当我向格斯指出无论该死与否，这就是一场比赛[①]时，他一点儿都没被逗乐。事实上，在其他家长面前与他进行这种交流只会增加他的敌意。后来，他中风了。

与格斯相比，其他大多数家长都很投入，甚至可以说是超级热心的，但当比赛陷入胶着时，他们不会像A型人格者那样大吼大叫，而是由衷地，我猜也是坚韧地为孩子们加油。特别有趣的是，我发现在比赛期间，他们通常一直在微笑。而且不仅如此，他们的微笑还是所谓的杜乡式微笑（Duchenne Smile），也就是让整个脸的肌肉都动起来的真诚的微笑，绝不只是嘴角扬一扬而已，更不是假装出来的不真诚的微笑。

那么，综上所述，对于有关控制、承诺和挑战的矛盾，我们能得出什么结论?

ME MYSELF AND US

**A型人格者与坚韧者的主要区别在于洞察力。由于A型人格者体验到很多敌意，所以原本的适应行为被发挥到了极致，而这会引起自主神经系统过载，增加健康受损的可能性。**

在洞察力上的差异可能与稳定的人格特质有关，回忆一下，前面提到在大五人格特质中的宜人性上得分低也与患心脏病的风险密切相关。

① 在英语中，“game”既有“游戏”的意思，也有“比赛”的意思，作者用这个词的不同意义开了一个小玩笑。——译者注

## “思想叫停”：快速减少敌意

尽管我完全不想把这本书写成传统的自助类书籍，但我还是要讲一下如何避免激发 A 型行为，下面我会举一个例子，其中包含一个对大多数人都有效的策略，而且这个策略对我也产生了作用。

在我对人格与健康进行了若干年的研究后，得到一个机会去参加一所大型精神病医院的病例研讨。当月，那所医院的示范主题是用“思想叫停”（thought stopping）来减少敌对行为。参与研讨的总共有 15 个人，我们穿着形形色色的衣服，有着各种各样的专业背景和敌意程度。示范者让我们闭上眼睛，用 3 分钟时间想象一个让自己感到挫败的场景，至少是一个会引起一些敌意的场景。我的脑海里出现了我的 A 型人格朋友总会遇到的白痴司机，他们似乎偶尔也会出现在我开车去学校的路上。我把注意力集中在那个场景上，逐渐累积起一大团愤怒，这时，麦克风里传出了示范者的大喊：“停！”我们都跳了起来，同时停止了想象。然后，示范者问我们其中有多少人还在想着那个引起敌意的事件。事实证明，没有一个人还在想。对我来说，“停止”那一声断喝完全将我的思想从那些令人气炸肺的司机身上转移开了。

接下来示范者告诉我们，当我们想要把思想从那些造成敌意、焦虑或任何有害情绪的想法上转移开时，应该如何把这个提示词——“停”，加入进来。如果有一个示范者永远伴随着我们，当他觉得我们正在感受令人不快的情绪时便大喊一声，这一定是极有帮助的，就像一个全球精神病学尖叫器（Global Psychiatric Screamer，简称 GPS）一样，但这似乎不太现实。于是，我们被训练着在感到自己的敌意或焦虑会增加时，用“停”这个提示词来打断自己的想法。一开始，我们需要大声地喊出来，但很快就学会了在心里喊“停”，这样，“停”就成了只有我们自己知道的打断信号。在接下来的几周里，我发现我确实有几次通过默默地快速喊“停”而中断了有害的思想状态。我还发现，如果一边对自己喊“停”一边快速地眨眼会更有效。

在听完病例研讨中示范的一周内，我就遇到了可以使用思想叫停这种方法的情况。我们学校的训导主任让我处理、评估大学教学科目中的教学效果考核制问题。当时因为美国政府计划强制推广政府开发的评估程序来评判大学是否很好地履行了教学任务，所以我们想抢先建立自己的标准。但接受这项工作意味着我需要拜访学校每一个系的工作人员，并向他们介绍学校的考核制系统。众所周知，大学向来抗拒改变，这种根本性的改变对那些教授来说简直就像搬迁墓地。因此，当训导主任让我做这件事时，我说我宁可在不麻醉的情况下做开腹直肠手术。训导主任回答道：“那么，这个也可以安排，利特尔教授。”

在第一次进行考核制介绍的前一天晚上，我收到了一封电子邮件，它证实了我对这件事的困难度的预测。我曾写过一篇报告,大概介绍了考核制的程序，这封邮件便是对此做出的回应。经济学系一位很资深的教授非常直接地表达了他的想法：“你的报告让我震惊。明天开会时见，准备战斗吧。”几分钟后我上床睡觉了，但这封出乎意料的、不太友好的邮件让我感到很紧张。妻子也问我是不是很紧张，当然，这可能是因为当时我正站在床上。我告诉她刚刚发生的事情，她建议我试着用一下最近学习的思想叫停方法。我确实需要一个关键词来摆脱似乎正在失控的紧张情绪，毕竟一位 A 型人格的宏观经济学家刚刚猛烈地攻击了我。妻子建议我默默地在心里发出鸭子叫的声音，想象水从鸭子的背上滚落。我觉得这真是一个绝妙的建议，于是，我的行为合集里又多了一种新的打鼾声，而我在第二天一早就轻松地开车去了学校。

会议上，当我站起来捍卫我的立场时，我的对手同时也站了起来，我们互相盯着彼此。我在心里默默地“嘎嘎嘎”地学着鸭子叫，所有的焦虑感都被驱散了，我平静而热切地说，下面，X 教授有一些非常重要的话要说。那位经济学教授多少有些吃惊，他平和地表达了自己的观点，然后坐下。在接下来的会议中，我尽力捍卫着这项充满争议的政策，始终保持着近乎镇定的态度，当然，这归功于我一直默默想着鸭子的叫声。

在会议接近尾声时，一位心理学教授和一位政治学教授因为某些问题发生了争论，我介入进去，想要阐明政治学教授言语中的一些含糊的地方。但他把椅子转过来，瞪着我大叫道：“利特尔教授，当我想让人阐明我的观点时，我会要求的！”这吓了我一大跳，不过，我新学会的思想叫停法开始起效了。可让我感到非常难为情的是，我以为无声的鸭子叫显然突破了界限，变成了非常响亮的一声“嘎”。那位政治学教授很困惑，他问我：“布赖恩，你刚才是在学鸭子叫吗？”我的解脱方法可以说相当差劲，我假装自己只是在咳嗽，但在咳嗽之后紧接着又发出了四声明显的鸭子叫。那一刻简直是太糟糕了！

我想通过这个故事说明的是，人们可以在短期内通过认知行为治疗师所使用的技术来应对敌意、焦虑及其他压力反应，比如思想叫停或策略性放松。不过，压抑有时会产生适得其反的作用，就像之前介绍过的丹·韦格纳针对矛盾历程而进行的，让人们不要去想白熊的研究一样，你想要压抑一个想法，它反而更有可能会出现在意识中。[6]

## 在人格、健康与环境中寻求一致感

前面我们探讨了控制感或能动性与幸福的多种形式之间的关系，比如学业成就、事业成功和身体健康。结论是控制感具有明显的益处，但其基础是准确地解读实际的控制力。就像前面所讲的，对于承受着压力的人来说，坚韧性有益于健康，但如果坚韧性中的某些要素被发挥到了极致，像 A 型人格那样，反而会增加健康风险。

最后要考虑的一点是，不仅个人的人格特质会影响其人生历程和幸福，环境也对其发挥着重要的作用。医学社会学家阿隆·安东诺维斯基（Aaron Antonovsky）提出了整合性理论，他将病原观与有益健康的过程进行了区分，其中病原观涉及追溯疾病的源头，而有益健康的过程则检视健康的来源和发展。

ME MYSELF AND US

**健康本源学的核心是一个人的一致感（SOC），也就是一个人在多大程度上具有普遍、持久且动态的信心，相信自己周围的环境是可预测的，相信自己能够合理对事情做出预期，而且事情终会产生预期的结果。** 7

一致感基于三个要素，即可理解性、可控性和意义性。可理解性指的是人们认为自己的日常生活在逻辑上合理、有序且可预测的程度。可控性指的是人们认为自己能够应对环境要求的程度。意义性指的是人们能够为有价值的日常任务和追求投入多少。高度一致的人具有更多安东诺维斯基所说的“广义抗性资源”，它能使人们在遭遇挑战后依然保持身心健康。

我特别喜欢一致感定义中的这个短语：“合理对事情做出预期。”与之异曲同工的是，前面所讲的在假定自己拥有控制力之前要先查看按钮，以及在应对挑战时所采取的方法上坚韧者与 A 型人格者的差异。但与这两者不同的是，一致感的概念增加了一条涉及健康与幸福的重要信息：它明确地强调环境的性质，即人们所处的社区的性质是一致性的重要组成部分。有一个在以色列三个不同社区中实施的研究能非常好地证明这个观点。

这个研究中的三个社区一个是传统农耕社区，一个是现代化的城市，还有一个介于这两者之间，处于过渡期。研究者预测居住在这三个社区中的人们的一致感和健康状况会是不同的。以可控性为例，在传统农耕社区，传统的生活方式赋予了日常生活可预测性，而且这种可预测性世代相传。在这里，人们拥有的不是个人控制感，而是“事情处于控制之中”的感觉，这有助于产生一致感。与之相反，在现代化城市里，当人们对日常活动具有个人控制力时，他们更有可能产生一致感。而生活在过渡环境中的人既没有传统赋予的稳定性，也没有现代化赋予的能动性，因此这种环境中的居民具有较低的一致感。

实验结果证实了这种预测。在进行一致感测评时，传统农耕社区和现代化城市环境中的人取得了比较高的分数，而且两方的得分大致相同，而生活在过渡环境中的人则取得了明显较低的分数。简而言之，研究结果与理论预测是一致的，生活在过渡环境中的人健康问题更加普遍。

由此，我们可以猜测，在人生的过渡阶段，人们的一致感及健康水平可能会下降。离开家、换工作、失恋、开始恋爱、生孩子、退休等所有这类生活事件都可能会造成人们一致感的暂时改变。我们还可以猜测，正是在这些过渡时期，人格的差异最有可能被展现出来。[8]在过渡时期，外向者可能会变得特别外向；尽责的人可能会变得更加有秩序、有条理；难相处的人则可能会变得特别让人讨厌。对一致感的研究还为设计可理解、可控且有意义的环境与社区提出了一些有趣的问题。这意味着了解了人格与环境如何相互作用后，我们便能改善生活，同时能做出合理的预期，甚至获得更多的益处。

# 07

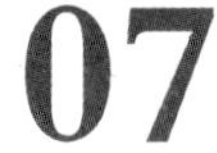

# 人格与创造力：孤胆英雄的神话

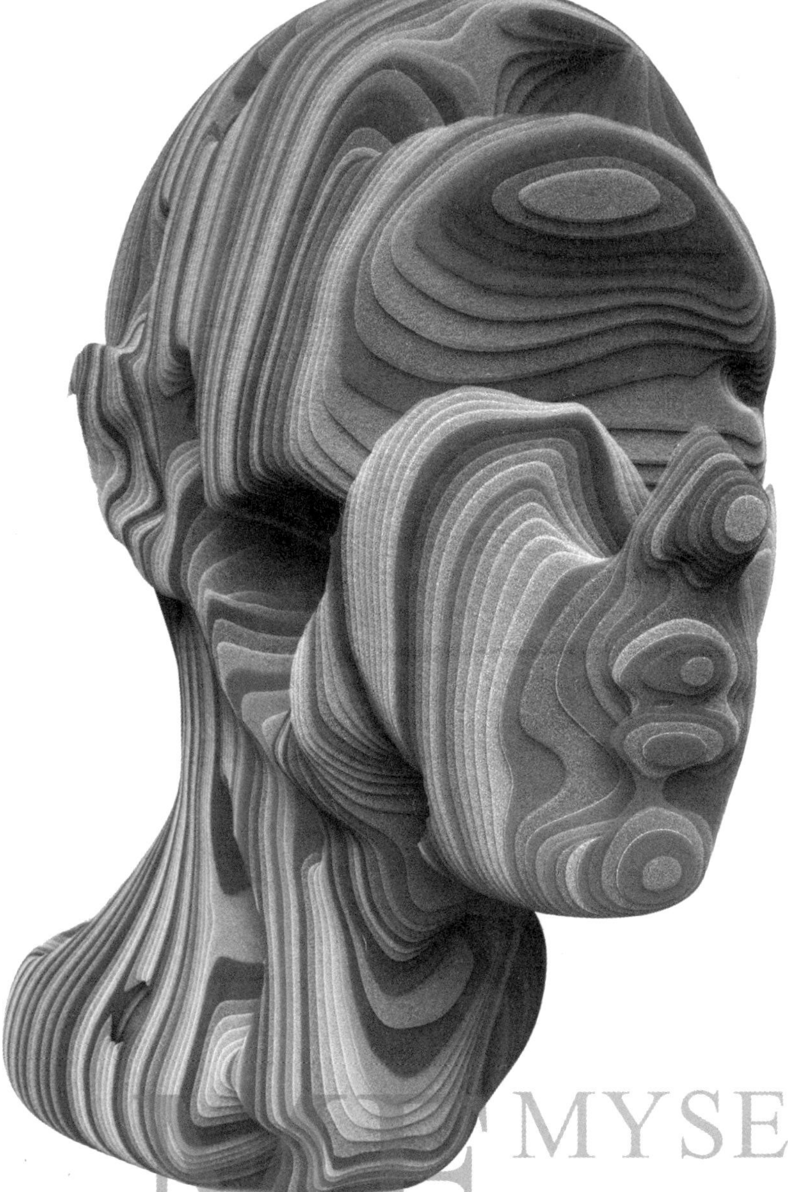

ME MYSELF AND US

**你认为一个富有创造力的人可能具有以下哪些特点?**

A. 有些自私，完全不顾及别人的感受；

B. 通常都很内向；

C. 事物本身的趣味性无法吸引他们；

D. 比一般人的理解力更强；

E. 通过思考而不是感觉来评判事物。

扫码做题，获取答案及解析。

没有什么事情比引入新秩序更难以完成，成功的可能性更不确定，掌控起来更危险。

——尼可罗·马基雅维利：《君主论》

创作音乐时，你的任务就是和你当时的创作想法进行一次激动人心、不负责任、不戴避孕套的性爱。

——嘎嘎小姐（Lady Gaga）[1]

想一想你遇到过的最有创造力的人。有些人你可能是通过其作品间接地认识的，比如说，你可能被他们创作的小说深深吸引，沉溺在他们制作的电脑游戏中，伴着他们的音乐独自起舞，或者沉醉在他们的表演中。有些人你可能是直接认识的，比如一位为你的孩子设计出新的治疗方案的医生，一位修理好了时好时坏、让其他人都一筹莫展的油池泵的管道工，帮助你重新振作起来、让你以全新的视角看待过去的第二任配偶。这些人是否有什么共同之处？是什么使他们不同于那些以传统方法解决生活问题的人？你有创造力吗？读完这章后，你是否仍会希望自己有创造力？

你可以做一下下面这个简单的评估，这有助于你更好地理解接下来的内容。这个量表是由加州大学伯克利分校的哈里森·高夫（Harrison Gough）编制的，作为一种测量创造力人格的有效工具，它被广泛应用于各种研究。2

## 创|造|力|人|格|测|试 ME MYSELF AND US

仔细阅读以下每个选项，并在每个你认为能准确描述你的形容词前打钩。

| | |
|---|---|
| □做作的 | □理解力强的 |
| □有能力的 | □兴趣狭窄的 |
| □谨慎小心的 | □兴趣广泛的 |
| □机敏的 | □有创造力的 |
| □平凡的 | □有礼貌的 |
| □满怀信心的 | □有独创性的 |
| □保守的 | □善于反思的 |
| □传统的 | □足智多谋的 |
| □不满的 | □自信的 |
| □任性的 | □性感的 |
| □诚实的 | □真诚的 |
| □幽默的 | □势利的 |
| □个人主义的 | □顺从的 |
| □不拘礼节的 | □多疑的 |
| □富有洞察力的 | □非传统的 |

**计分规则：**第一，看看你在“有能力的”“机敏的”“满怀信心的”“任性的”“幽默的”“个人主义的”“不拘礼节的”“富有洞察力的”“理解力强的”“兴趣广泛的”“有创造力的”“有独创性的”“善于反思的”“足智多谋的”“自信的”“性感的”“势利的”“非传统的”各项中，打钩数量有多少。第二，看看你在“做作的”“谨慎小心的”“保守的”“不满的”“诚实的”“兴趣狭窄的”“礼貌的”“真诚的”“顺从的”“多疑的”各项中，打钩数有多少。最后，以第一项中的打钩数减去第二项的打钩数，就是你的得分了。

理论上，这个量表的得分范围为 –12 到 +18，而得分在 10 分及 10 分以上就代表富有创造力。

## IPAR 创造力研究：创意者的人格

加州大学伯克利分校人格研究与评估研究所（IPAR）最初位于一栋翻修后的联谊会会堂里，会堂建在一条树木繁茂的街道上，地处加州大学校园的最高处，靠近灰熊峰大道。

我清楚地记得 1967 年的夏天，我在 IPAR 二层一个小房间里进行博士综合考试，桉树的气味从开着的窗户飘进来，一起飘进来的还有弥漫在大厅里的咖啡味以及创造力的气息。IPAR 主任唐纳德·麦金农（Donald MacKinnon）的办公室距离我考试的房间只有几步远。我还记得第一次见到他的情形。当时，我在描述自己的研究想法，而他正考虑做我的指导老师。他不是一个特别善于表达的人，浏览着我的研究计划书，始终没有任何表示，我完全不知道他的想法。然后他抬起头，停顿了一下说："利特尔，你是一个行动者还是一个思想者？" 我立即回答说："我想我是一个行动者。" 这个回答似乎让他很满意，尽管我强调了"想"字，以此来表达我相信思想者也能成为行动者。

直到后来我才意识到这两种品质——思想，尤其是富有创造力的思想，以及行动，即将想法转化为行为的能力，是 IPAR 用来识别和研究杰出创意人士的重要标准，这些富有创造力的杰出人士改变了他们所在的领域。20 世纪 60 年代初，IPAR 进行的广泛研究改变了人们对人格与创造力的理解。[3]

### 富有创造力的标准

怎么知道某人是富有创造力的？这个领域的研究者普遍持有的观点是，富有创造力的人能够制造出既新颖又有用的事物，而这里所说的事物可能是观点、物体，也可能是某种过程。仅具有新颖性还不足以被称为有创造力，否则，设计出各种各样古怪但毫无用处的新奇事物的人都可以被认为富有创造力了。只是有用也不足以被称为富有创造力，必须是两者兼具。对创新性和有用性的评价是一种标准的判断，它基于与某个领域的传统标准进行的比较，不管是法式烹饪、有机化学、匪帮说唱[1]，还是建筑设计。

然而，在一开始，创造力的这个定义引发了一个棘手的问题，尤其是当人们根据短期内的亲身体验来评判某个产品和人是否富有创造力时，比如工作面试，对客户或潜在顾客做简短展示。这里存在的问题是：如果你面试或评估的人是一个自恋者，那会怎样？

研究显示，自恋者会认为他们的产品和个人计划非常具有创造力。4 确实，自恋者付出很多努力以使自己显得与众不同，其中一种方法就是从事能让他们变得与众不同的个人计划。这类似于某些鸟类的求偶表演。我曾在会议上看到过一些自恋的学者，他们大肆宣扬自己的卓越才能，就像被激起情欲的孔雀在展示它们尾巴上的羽毛，不断向大家传递这样的信息："看看我的履历！看看我的履历！"然而研究显示，虽然自恋者认为自己富有创造力，但实际上他们所具有的并不是创造力，至少从客观的测试来说并不是。但这也不只是自我欺骗，自恋者很擅长让别人相信他们富有创造力。例如，当被要求为好莱坞电影剧本提供创意时，自恋者会在解说中表现出极大的热情和魅力。而这种能让自己和他人都相信他们具有创造力的能力，常常会让人们误以为他们真的富有创造力，尤其在缺乏评判创新或价值的客观标准的领域里。所以，针对自恋者，最好是能对其所取得的一系列具有创意和有影响力的成功进行长期的后续评估，而不是根据他们的一次吹牛来评判。

IPAR 就是这样做的。他们利用特定领域中专家们的评判来帮助他们挑选

① 一种表现城市中年轻人的暴力生活的 Hip-Hop 的一个下属风格。——编者注

能长期在某一领域取得富有创造力成就的人，以及在某个领域中创造出新的杰出标准的人。他们研究各种各样的群体，包括小说家、科学家、经理人、军官、数学家和研究生，然而，他们对富有创造力的建筑师的评估却成了这些研究中最著名、最有影响的。

这项研究的第一项任务是确定谁有资格成为北美最富有创意的建筑师，不单单是最多产的建筑师，当然，这并不容易。选择的标准很简单，但很严格，即他们必须达到三个要求：第一，设计出新颖的建筑形式；第二，这些设计必须是可以实际执行的，这两点要求他们既是思想者，又是行动者；第三，这些富有创意的产品必须有助于建立领域内的新的杰出创意的标准。入选的建筑师会被邀请到伯克利。

但是，谁最有资格根据这些标准来评判建筑师呢？评价依据的是特定领域中专家的一致意见。对于学生的人格心理学观点是否具有创造力，我比较有判断力，但评判美发师、职业约德尔[①]歌手或殡葬业从业者是否具有创造力，便是我力所不及的事情了。但每个领域都有专家协会，他们会对该领域中事物的独创性进行评价。因此，IPAR 的工作人员决定请建筑领域的专家来进行初始提名，选出那些改变了建筑领域的人。他们要求每位专家都根据新颖性、可执行性和有助于建立领域标准这三个标准来提名一组非常有创造力的建筑师。一开始工作人员便意识到，这可能会产生适得其反的效果，每一位专家提名的建筑师可能都不相同。幸好没有发生这样的事。专家们的提名具有足够的一致性，因此选出了 40 名建筑师，后来的评判员团体也证实，他们确实富有创造力地改变了建筑领域。

---

① 源自瑞士阿尔卑斯山区的一种特殊唱法，它基本上是无歌词的，但采用一些无意义的字音来演唱。——编者注

如果 IPAR 只是研究这些富有创意者的特点，那结果可能只是发现这些人全都是能力非常强的建筑师，多数人生活在大都市，并与建筑业团体交往密切。所以，这个研究还需要一个控制组或对照组，由同样具有这些特点但不够富有创造力的建筑师组成。IPAR 的这个研究设计得非常好的一个原因就是，他们还研究与富有创造力的建筑师在同一家公司和城市工作，但不被认为富有创造力的建筑师。而这些建筑师构成了很好的控制组，可以被用来和富有创造力的建筑师进行比较。

IPAR 邀请这些富有创造力的建筑师来到研究所，把他们分为 10 人一组，并对他们进行为期三天的评判。晚上，建筑师们住在伯克利山靠近研究所的一个酒店里，白天一整天他们会接受 IPAR 心理学家的访谈，完成各种各样的测试，而研究者会对他们在各项任务上的表现进行评判。在午餐以及各项任务之间的休息时间，研究者会对建筑师们在社交情境中的行为进行观察和评价。有些任务被故意设置得很有压力，这样研究者就可以评判他们在压力下的执行能力了。

那是一个被安排得满满当当的周末，而并非所有的参与者都认为这是一段令人愉快的经历。在 IPAR 对富有创造力的作家进行的研究中，参与者之一，诗人肯尼思·雷克斯雷斯（Kenneth Rexroth）显然对这段经历颇有微词。他把这件事写成了一篇滑稽有趣、牢骚满腹的嘲讽文章，标题是《我的头被彻底拆散了》。[5] 通过评判富有创造力的人来研究创造力是一个极大的挑战，因为这些富有创造力的人不想让研究者搞乱他们的魔法。而另一些人，正如人们估计的那样，对 IPAR 的研究反应热烈，他们投入到这个项目中，享受着这段经历。

首要的研究问题是：与同样很有能力，但缺乏创造力的同行相比，富有创造力的建筑师在能力、背景、早期经历、人格和社会功能上与其存在怎样的差异。由于对建筑师的研究的结果在很大程度上可以被复制到其他研究组，因此接下来的探讨普遍适用于所有富有创造力的人，如果有专门针对建筑师研究的，我会特别指出。

就心理学研究做演讲或写书存在一个危险，那就是听众或读者有时会对研究结果说出以下类似的话:“当然，听起来应该是对的”，“理应如此”，或者“每个人都知道”。这会让人感到窘迫不安，不仅因为这些话可能是真的，还因为他们可能事先并没有预测到结果。因此，在演讲的时候，我会让听众事先预测我要讲的研究的结果，毕竟在比赛开始前给马下赌注比之后下更能引发人们的兴趣。

因此，本着吊胃口的目的，请你预测一下相对于比较传统的人，富有创造力的人在人格和生活经历上有什么不同。然后，你可以思考一下下面几个问题，虽然它们只是本章将要探讨的问题中的一部分，但也涉及一些重要的发现。与传统的人相比，富有创造力的人理解能力更强还是更弱？他们在学校里成绩优异还是成绩较差？他们是否具有和银行家、律师一样的兴趣？他们更有可能是外向的人还是内向的人？他们喜欢错综复杂还是简单朴素？他们更有可能患心理疾病，还是心理状态比较稳定？在思考这些问题时，你可能也会想要知道自己在这些不同的特征、偏好和取向上的分数。

## 仅仅是更聪明吗？

与传统的人相比，富有创造力的人只是更聪明，理解力更强吗？IPAR的研究显示，情况并非如此，这两个群体在智商方面没有明显差异。毕竟，IPAR 研究的参与者，无论是否富有创造力，都是受过高等教育的专业人士。工作颇有成效的专业人士普遍都具有 120 左右的智商，而更高的智商水平与创造力无关，所以智商 145 的人既有可能富有创造力，也有可能因循传统。

值得注意的是，传统的智商测试只对平均智商在 100 左右的人具有最可靠的区分能力，对极端智商水平的人的区分并不可靠。因此，如果采用传统的智商测试，那么传统的建筑师与富有创造力的建筑师在智商上的无差别可能只是因为智商测量缺乏敏感性。然而，IPAR 的研究者采用了一种被称为特曼概念掌握测验的特殊评估工具，它是专门为了准确地区分 120 左右的智商而设计的。用这个经过精细校准的智商测验对建筑师们进行测量，结果仍显示，富有创造力的群体与传统的群体在智商上是大致相同的。也就是说，那些富有创造力的人很聪明，但并不比缺乏创造力的同行更聪明。

在中学里，那些将成为富有创造力的创新者的人是否是更优秀的学生呢？事实证明，他们并不是传统意义上的全优学生，他们的成绩通常是 B。一种常见的模式是，如果他们认同某门课程，通常就能取得很好的成绩；如果他们觉得某门课程与自己无关，成绩便会平平。

## 高度自由发展的人格

研究发现，富有创造力的人在早期经历与教育上具有一些共同点。在童年早期，家人给予他们许多尊重，允许他们自己进行探索，由此他们形成了强烈的自主感。另外，他们与父母在情感上不是特别亲密。在早期生活中，他们几乎没有非常负面的经历，比如相对于其生活的时代，他们很少因为违规而受到体罚。同样，在积极的方面，他们也没有那种能抑制其独立性的极其紧密的关系。总之，那些富有创造力的人在童年时与父母的关系比较轻松自在，在日后的生活中，他们与父母的关系是愉快友好的，但不会特别亲密。

关于宗教在童年所发挥的作用，研究者也发现了类似的模式。富有创造力的人与传统的人在宗教信仰上没有差别，但富有创造力的人的生活环境更强调帮助孩子形成内在的价值观准则，而不是严格遵守宗教教条。

富有创造力的人在成长过程中往往还经历过很多次搬迁。相对于在同一个地方生活很长时间，搬迁可能会增加他们适应的灵活性。从个人建构理论的角度看，富有创造力的人可能发展出了更复杂的个人建构系统。不过，经常搬迁可能也会使他们感到孤立，与人隔绝。他们无法依靠长期的友谊提供稳定的支持，只能更多地依赖自己的资源。

我们可以发现，在富有创造力的人的早期生活的影响与经历中，有一个共同的模式，那就是鼓励个性，鼓励获取个人自主感和高度的自由，与之相比，传统的人通常会受到情感与智力上的限制。

## 求知，而不是欣赏

在 IPAR 的研究中，实施了一个名为斯特朗职业兴趣量表（SVIB）的测试，用来测量研究参与者与各行各业的从业者在兴趣方面的相似性。[6]在兴趣这方面，富有创造力的人更类似于心理学家、作家、记者、律师、建筑师、艺术家和音乐家，而不同于采购员、办公室职员、银行家、农民、木匠、兽医、警察和殡葬业从业者。

这种兴趣模式说明，富有创造力的人不会因为一件事情自身的原因而对其产生兴趣，相反，他们会因为一件事情的意义、重要性和影响而对其产生兴趣。他们倾向于看到森林，而不是孤立的树，他们也很擅长用富有吸引力的语言表达这类观点。他们相当厌恶传统的、非常受管制的活动。他们讨厌细节。他们的兴趣说明，富有创造力的人在认知方面是灵活而有弹性的，在言语方面是精致复杂的，在知识方面是具有强烈求知欲的。富有创造力的人不愿意控制自己的冲动和想法，或许也不愿意控制他人的冲动和想法。

IPAR 所研究的建筑师全部都是男性，这反映出了当今的人口统计学特点和标准。[7] 最有趣的发现之一是关于这些富有创造力的人对比较男性化的活动感兴趣，还是对比较女性化的活动感兴趣。划分的标准来自斯特朗职业兴趣量表手册，该手册显示了常模群体中男性与女性的兴趣差异。研究清楚地显示，富有创造力的建筑师明显对女性化的活动更感兴趣。而且，在 IPAR 研究的其他群体中也发现了这样的结果。

这个结果值得我们深入探究。如果具体研究凭经验划分出来的男性兴趣和女性兴趣，那么他们关注的许多活动，比如听音乐会和看画展，其实更应该被视为文化兴趣，而不是女性兴趣。另外值得注意的一点是，斯特朗职业兴趣量表女性取向的计分方法使得各个项目的划分维度很单一，使结果要么在男性一端，要么在女性一端。因此，富有创造力的建筑师在男性兴趣和女性兴趣上都得不到高分。后来测试技术得到了发展，可以将心理男性和心理女性作为独立的取向进行评估了。我有理由相信，富有创造力的建筑师们会在两个取向上都获得高分。[8]

## 直觉，而不是感觉

在迈尔斯 - 布里格斯人格类型测试中，富有创造力的人也表现出了类似的模式。在测试中，研究者比较了富有创造力者与传统者在对待世界的方式上的偏好。[9] 比较的第一个内容是外倾取向和内倾取向。在 IPAR 的评估中，富有创造力的人通常更有可能被评定为内向者，事实上，在 IPAP 所研究的富有创造力者中，有三分之二的人都被评定为内向者，其比例远高于一般人群。

第二个比较是关于人们如何解释来自外部和内部的信息。人们的解释方式被划分为两种态度：一种是通过意识到事物并对其意义和重要性保持开放的态度来感知事物，另一种是通过得出有关事物的结论来评判它们。评判取向的一个潜在问题是，人们可能会做出预先判断并得出结论，尽管这样做能为生活提供秩序，但却破坏了学习新东西的可能性。在感知与评判的比较中，富有创造力的人普遍倾向于感知的态度。尽管感知取向会使人们更留心内部和外部的刺激源，对它们更投入，更开放，但这种取向也会导致人们在生活中缺乏秩序和结构。也就是说，富有创造力者的生活可能是混乱的。

第三个比较是两种不同感知类型间的比较：一种是感觉，即关注直接感觉到的事物的现实；另一种是直觉，即感知事物内在的意义与可能性。通常来说，一般人更倾向于感觉的类型，他们会被描述为“现实的”人。而对于那些习惯于超越事实去想象事情可能性的直觉型人，他们会感到既不理解又不耐烦。

根据 IPAR 的研究，富有创造力的人不出所料地表现出了强烈的直觉倾向。据估计，在一般人中，直觉型的人占 25% 左右，而在被研究的富有创造力的群体中，90% 的作家、92% 的数学家和 93% 的科学家均属于直觉型。令人震惊的是，根据迈尔斯－布里格斯人格类型测试，富有创造力的建筑师 100% 都属于直觉型。

第四个比较是关于人是通过思考还是通过感觉来评判事物。思考取向的人会在逻辑和理性分析的基础上对事物做出评价和判断，而感觉取向的人则是以评估人们的情绪反应为基础。关于富有创造力的人在这个维度上的取向，他们所处的具体领域非常关键：思考取向和感觉取向在科学领域和艺术人文领域中具有不同的适用性。富有创造力的科学家在思考取向上的得分比较高，而富有创造力的作家在感觉取向上的得分比较高。有趣的是，富有创造力的建筑师在思考取向与感觉取向上的分布基本上是一半一半。

## 错综复杂，而不是简单朴素

以前我经常在小型研讨班上讲创造力，在即将中场休息时我会非常大声地唱“达姆，迪利，达姆，达姆”[①]，只是不唱出传统歌词结尾处的“达姆，达姆”。观察学生们的反应是非常有趣的事情。这并不是乖张反常的行为，而是在为我后半段的讲课打伏笔。因为后半部分讲授的主题是富有创造力的人与比较传统的人在审美偏好上的差异。根据 IPAR 在视觉审美领域中的研究，确实存在这样的偏好。那么，富有创造力的人是否会更喜欢在视觉上不对称且开放的事物，就像去掉了反复乐节“达姆，达姆”的歌词呢？

想象你手上有一块 20 厘米乘 25 厘米的板子，还有各种各样边长 5 厘米的彩色正方形。如果要求你在 30 分钟内用这些正方形在板子上拼出惹人喜爱的马赛克，你会拼出什么样的马赛克？研究者让富有创造力的人去做这项任务，结果发现，他们明显倾向于拼出复杂而不对称的图形，而比较传统的人则倾向于拼出简单、平衡和对称的图形。

在评估对各种图画的偏好的测试中，研究者也发现了类似的结果。研究者要求参与者把 102 张明信片大小的欧洲绘画复制品分成四类。在 IPAR 的所有研究中，相对于比较传统的同行，富有创造力的人明显更喜欢复杂、不对称、不平衡的绘画作品。但是这里遗漏了一些东西，尽管富有创造力的人在创意项目的一开始会比较喜欢复杂性，但在项目展开期间，他们会倾向于用富有创意的方式归结复杂的事物。最终结果看起来可能很简单，但这需要他们随着时间的推移努力去克服复杂而费力的问题，获得深刻的理解，然后以非传统但简洁的方式解决它们，有着明显的“达姆，达姆”式的结尾。

① 这是黑眼豆豆合唱团演唱的一首歌曲中的歌词。——译者注

## 绝对的个人主义

当要求富有创造力的建筑师和比较传统的建筑师描述自己时，他们之间人格的惊人差异便显现了出来。IPAR 在其研究的其他群体中也发现了这种情况。富有创造力的人会把自己描述为独出心裁、果断、个人主义、热情而勤奋的，而比较传统的人则会把自己描述为负责任、真诚、可信、可依靠、思路清晰、宽容、通情达理的。

通过加州人格量表（CPI）对人格差异进行详细评估，类似的结果又显现了出来。查看富有创造力的人与传统的人在人格上的详细比较结果很有帮助。以下是编制加州人格量表的心理学家哈里森·高夫对富有创造力的群体的详细描述：

> 富有创造力的人很有影响力，他们的品性与特征使他们获得了社会地位；尽管并不是非常擅于社交或乐于参与，但在个人与社会互动中，他们泰然自若，且充满了自信与自发性。

富有创造力的人通常比较内向，而把这个特点一并考虑进去，加州人格量表就描绘出了他们对待其他人的典型态度，这个结果非常有趣。富有创造力的人可能会被认为善于社交：他们既不会被与他人的互动吸引，也不会强烈地反对这种互动。相反，他们的热情集中在某个领域上，并在这个领域中从事着富有创造力的工作。他们还可能会给人留下冷淡傲慢的印象，但当环境合适时，富有创造力的人有意愿，也有能力在社交中表现得富有魅力，甚至讨人喜欢。但是，大多数富有创造力的人不会始终表现得友善合群，而这会导致富有创造力的人与一些同事、朋友产生摩擦，因为与他们产生共鸣的是富有创造力者四射的魅力，并且他们希望这种魅力不会稍纵即逝。[10]

从智力类型的角度来看，富有创造力的人理解力强，直言不讳，机智敏锐，要求苛刻，有进取心，以自我为中心，有说服力，言语流畅，自信，并且会比较不受拘束地表达自己的担忧和不满。

总之，富有创造力的人对与其一起工作的人会非常苛刻。通过纯粹的人格力量，他们会让胆怯者感到害怕，虽然有时他们自己意识不到这一点。

与富有创造力的人一起工作的潜在困难还包括，他们不安于传统，大胆鲁莽，甚至多少有点古怪。

富有创造力的人比较不受传统与禁忌约束，不会太在意给别人留下什么印象，因此，他们或许能更加独立、更加自主，比较容易认识到并承认不寻常、非传统的自我观念。需要独立思考和行动的情境会激发起他们强烈的成就动机。但是不同于传统的同事，在要求服从的环境中，他们便不太愿意去努力追求成就了。

鉴于其人格特点，我们不难想象拥有创造力人才的组织会遇到什么困难。由于富有创造力的人不受拘束，不会特意想给别人留下好印象，因此他们有可能对业务造成破坏，至少从传统意义上来说是这样。在需要保持圆滑，采取外交手腕和互相迁就的环境中，富有创造力的人会造成严重的破坏。尽管他们可能很有魅力，很迷人，但也会故意不合作，无法约束自己。聪明的管理者通常会让富有创造力的员工避开解决传统问题或需要审慎权衡选项的会议。

爱他们还是恨他们，人们对此通常不会有什么犹疑。富有创造力的人是大胆鲁莽的，但他们也是古怪的吗？有一种古老的观点，认为创造力与疯狂密切相关，真是这样吗？

## 创造力、古怪和精神疾病的区别

将富有创造力、古怪和有精神疾病区分开是很重要的，它们有一些共同的特点，但存在着更重要的差异。我们先暂时偏离主题，探讨一下古怪这个特质，然后再看一看 IPAR 所研究的富有创造力的群体是否表现出了某种意义上的精神疾病。

### 古怪的人：快乐地做自己

戴维·威克斯（David Weeks）和杰米·詹姆斯（Jamie James）对古怪的人进行过引人入胜的描述，他们用有启发性且有趣的方式描绘了古怪者丰富多彩的行为。[11] 关于古怪者，最惊人的案例之一是 19 世纪中期的约书亚·亚伯拉罕·诺顿（Joshua Abraham Norton），他声称自己是美国的国王、墨西哥的保护者。在旧金山，诺顿被授予了不同寻常的特权，他可以穿着全套的蓝色军装，戴着有羽毛装饰的高帽子，并且佩着剑在城市里雄赳赳气昂昂地大步前行。他发布了很多诏书，相信自己解散了民主党和共和党，他还发行了自己的货币。在湾区附近的商店和企业中，他的货币得到了承认和兑现。尽管诺顿的大多数法令都傻里傻气的，但有些也颇有先见之明。例如，他提议修建一座从奥克兰到旧金山的大桥，以及在旧金山湾修建一条海底隧道。1880 年，诺顿去世，而在他去世很久之后这两项工程都实现了。

不可否认，旧金山是一个自由的城市，即使不是完全的愚蠢，但对诺顿国王来说，这里也是能让他充分实施幻想的理想环境，而且在这里他会得到宽容而亲切的对待。如果在其他城市，你知道是哪些城市，他的日子就不会那么好过了。如果是在现在，在机场的安检处他就可能会造成严重的延误，而这绝不仅仅是因为他的佩剑。因此，对古怪者来说，所处的环境对其具有支持鼓励的作用是很重要的。比如说，如果诺顿出生在英国伦敦那便不足为奇了，因为伦敦以容忍各种古怪的人而闻名。

我曾经亲自接触过一位英国的古怪者，她可以成为诺顿国王强有力的竞争对手。每年我都会在英国剑桥度过几个月，那里可不缺古怪的人。我经常看到一位上了年纪的女士，骑着高把自行车，以吓人的速度穿过鹅卵石铺成的街道。她通常穿着卡扎菲式的军装连衣裙，帽子上装饰着色彩鲜艳的羽毛，脚上穿着红色运动鞋。我把她称为莫德。莫德的嘴里似乎永远都含着一个能发出响亮声音的哨子。每当看到令她非常讨厌的事情，她就会大声地吹起哨子，反复吹，直到那个恶棍不再妨碍她或不再奇怪地看着她。兴奋的时候，她骑车的速度几乎能赶上美国公路自行车赛职业车手兰斯·阿姆斯特朗（Lance Armstrong），而且我打赌她是很轻松地就达到了这个速度。莫德不只是骑着她的自行车，她甚至用自行车来瞄准。有一次我看到她骑车猛冲过街道，一整车的中国游客像保龄球瓶一样散开，因为他们竟敢在莫德行经时过马路。

莫德显然是个古怪的人，但如果没有更多的信息，我们很难判断她到底是富有创造力的，还是精神不正常。因为那是在剑桥，所以她很有可能是一位古怪的荣誉退休教授，因为不想让她所钟爱的大学被成群的游客侵扰而做出了种种行为。不过，我也听说她曾对着自动提款机吹哨子，因此她更有可能是精神不正常的，而不只是内心不平静。

有一种方法可以区分古怪者和精神疾病患者。古怪的人通常对自己的命运感到比较满意，有时会感到特别满意，尽管大多数人都认为这样的人生既奇怪又令人无法理解。尽管莫德的哨子声无疑是一种攻击，但我想她应该基本上意识不到自己对别人造成的影响，也意识不到自己的行为有多奇怪，只是感到相当满足。

诺顿、莫德和其他古怪的人不一定患有精神疾病，尽管有这种可能性。另外，他们也不一定有创造力，尤其是当我们对创造力的认识和 IPAR 的一样，要求将新颖、非传统的想法转化为具有适应性的解决方法，并解决一些富有挑战性的问题时。古怪者与富有创造力者的区别在于，古怪者沉迷于自己的个人计划，而不是被大多数人认为具有重要性的任务。古怪者与精神疾病患者的区别在于，古怪者很高兴做自己，很乐意抛弃传统，他们不受拘束地生活着，享有很大程度的自由。与之相比，精神疾病并非自由选择的结果，也不能解放人们，让人们过自己想要的生活。它是一种异常，会对患者的生活造成严重的限制。另外，与行为古怪不同的是，精神疾病常常令人恐惧，让人感到精疲力竭。

## 未经过滤的思想：创造力的沃土

前面说到，富有创造力的人对于给人留下好印象不是很感兴趣，他们会无拘无束地表达自己的感受，包括消极感受。在这方面，他们确实很像古怪的人。不过，IPAR 的研究者感兴趣的是，在富有创造力的群体中，是否存在患精神疾病的迹象。乍一看似乎是有这样的迹象，但在这个问题上，最好的判断标准是对富有创造力的人与比较传统的人通过明尼苏达多项人格问卷（MMPI）进行比较。这个问卷测量的是人们对各种问题的回答是否类似于抑郁症患者、歇斯底里症患者、妄想狂和精神分裂症患者。在这个以及其他类似的量表上，富有创造力者的得分明显高于一般人。所以，说他们不仅大胆鲁莽，而且明显比较古怪，并不完全是一种误导。从某种程度上来说，富有创造力的人确实是怪物。但是，认为他们更容易患精神疾病，是合理公正的吗？我认为，简单地回答就是："不，他们并非更容易患精神疾病。"但这是一个复杂的问题，因此我的回答需要具备几个先决条件。

对于能够在社会上有效发挥作用的人，比如受 IPAR 邀请的参与者，解释他们在明尼苏达多项人格问卷上得分的方式，应该不同于解释在生活中遇到问题或住进精神病医院的人的得分的方式。区分富有创造力的人与有患精神疾病风险的人的一个指标是他们在自我强度测试上的分数。最初，开发明尼苏达多项人格问卷的自我强度量表的目的是，预测人们能否从心理治疗中获益。在自我强度量表中得分高的人理解力强，足智多谋，现实，并且能够忍受对抗。12 在这个维度上，富有创造力的人会取得高分，而有患精神疾病风险的人则分数非常低。

我曾为一家刚刚聘到高级副总裁的公司做咨询师，就在那时，我清楚地认识到，在明尼苏达多项人格问卷中的自我强度量表和精神病理学量表两个层面都对候选人进行检测是多么重要。一位未成功应聘的候选人，就叫他丹吧，被业界公认为极富创造力，甚至是一位目光远大的领导者。经过与选拔委员会的交谈，我发现丹被略过的一个原因是他在明尼苏达多项人格问卷上的测试情况，用委员会相当朴实无华的话来说就是，问卷测试显示他是个“十足的疯子”。

作为咨询师，我的责任是为招聘提供心理学测试的建议，我非常怀疑在招聘中采用像明尼苏达多项人格问卷这样的测试的效果。得到委员会的允许后，我去查看了丹的问卷。在呈现问卷结果时，通常不会对测试者的自我强度进行报告，因为自我强度是一个特殊的维度，通常只有在研究中才会对其进行检测。查看丹的问卷简况时，我发现，可以肯定的是他在精神病理学量表上的分数比较高，但没有计算他自我强度的分数。我查看了丹在对自我强度量表上的 52 道题的回答，发现他的分数非常高。

总之，由于选拔委员会没有考虑丹人格中积极应对的方面，他们错失了雇用一位真正有创造力、有热情的领导者的机会。当然，丹是古怪的，但他也是聪明而积极的，能够将新颖的，有时疯狂的点子转化为富有创造力的成就。

是的，丹是古怪的，但他也是大胆无畏的。

还有研究提出了这样的可能性，那就是古怪者、富有创造力的人以及有患精神疾病风险的人都不太能过滤从外界涌入的大量信息。[13]

ME MYSELF AND US

**为了适应和生存，人们需要有选择地过滤掉对自己没有动机或策略上的重要性的信息，这种能力被称为潜伏抑制（LI）。**

而富有创造力的人、古怪者以及有可能患精神疾病，尤其是患精神分裂症的人，潜伏抑制的能力都比较低。潜伏抑制能力低的缺点是，人有可能会被大量信息淹没，应对能力受到损害。

然而，具有较低的潜伏抑制能力也有一个优点：各种各样有着依稀联系的想法和图像都不会被过滤掉。而这些想法和图像是培育创造力的沃土，能够增强敏感性，产生看待世界的新颖方式。

那么，低潜伏抑制、高效能的创意人士与那些有患精神疾病风险的人是否有什么不同之处？乔丹·彼得森（Jordan Peterson）及其助手为这个问题提供了很有价值的线索。[14]他们对哈佛本科生进行研究，结果显示，智能与良好的短期记忆能力可能是低潜伏抑制的关键因素。他们认为，拥有较高智能的人能够应对未经过滤的信息流。这个结果类似于在 IPAR 研究中看到的有关自我强度的结果。智能资源和自我强度，都与以适应性的方式面对复杂事物以及信息过载有关。如果没有相应的智能资源和自我强度，没有实际效用的认知信息和情绪信息就会将人们淹没，甚至有可能使人溺死在数据中。

在 IPAR 的研究中，麦金农确实允许有过严重的精神问题的人来伯克利接受评估，但他们只是极少数。总之，富有创造力的人具有脆弱性，但他们通常能战胜它，甚至把它纳入创造的过程中。作为迪士尼巡游的娱乐总监，拥有稳定、和蔼可亲、快乐而阳光的人格可能很棒，但正是易变、复杂、急躁、挑战性的人格更有可能超越古怪的行为，培养出大胆无畏的创造力。

## 传统的人：创意项目的幕后功臣

在颁奖典礼上，获奖者通常不会过多谈论自己，而是重点对默默无闻的支持团队表示感谢，并表示如果没有他们，这个富有创造力的项目便永远都不会完成。这究竟是真诚的致谢还是形式化的惯例还有待商榷，但接下来，我由衷地希望用实验证据来对与富有创造力者一起工作的人表示感谢，我想聚焦于 IPAR 研究中的对照组，为被埋没者唱一支颂歌。

首先，想一想 IPAR 研究的基本原理，其目的是找到创造性地改变了某个领域的人所共同具有的人格特征。以对建筑师的研究为例，创造性的改变指的是所完成的建筑工程被广泛认为具有创新性，并且会产生持久的影响。不过，让我们来想一想这些创意成就是如何实现的。尽管富有创造力的人具有许多令人钦佩的特质，但与他们一起工作真的是莫大的痛苦，因为他们固执己见，急躁易怒，对细节工作不屑一顾，对有助于形成支持性和合作性工作环境的社交活动也不感兴趣。那么，那些创造性项目究竟是如何被完成的？

人们普遍认为，世界上最大胆、最新颖的成就来自孤胆创意英雄，那完全就是一个神话。而我认为，我们需要更仔细地查看建筑师对照组的特点。还记得他们的人格特质吗？他们负责任、真诚、可依靠、头脑清醒、宽容、通情达理，同时，他们友善合群、踏实稳健，能够安心地做细节性工作。这些正是确保创意项目能产生成果所需要的特质。在一个将会改变世界的富有创造力的项目的推进过程中，不仅需要革新家，也需要谈判家、调解人、会计，以及收拾整理的人，能安抚门口的猎犬的安慰者和会委婉地告诉你你的裤链没拉上的温柔的接待员。创意英雄确实为其他人贡献了很多，虽然有时会用一些让人眼花缭乱的方式；但他们也得到了具有互补人格的其他人的支持，如果没有这些人，创新工程永远都无法完成。

鉴于传统与创新之间的相互依赖，我们应该研究一下，与创造力明星们在同一家公司共事，比较传统的人可能会付出怎样的代价。IPAR 的研究显示，在富有创造力的人身边工作确实会让人付出一定的代价。研究结果清楚地显示，与没有和富有创造力的建筑师共事的对照组相比，这组人的心理适应性更差、更焦虑、更矛盾。麦金农猜测，他们之所以感到矛盾，是因为尽管与创造力明星具有许多相同的特征，但他们不愿坚持自己的意见，将这些潜在的想法转变成行动，而创造力明星能够有效地付诸行动。[15]我们很容易看出来，在创造力明星身边工作的人之所以会感到矛盾而焦虑，是因为他们本身具有成为创造力明星的潜能，却把大量时间和精力用在了为同侪提供支持上，使那些创造力明星能够闪闪发光。我想在家庭和体育团队中也存在着类似的情况。

## 富有创造力的人幸福吗?

在本章一开始，我曾问你是否是一个富有创造力的人，以及在阅读完本章后，你是否依然想做一个有创造力的人。从很多方面来看，做一个富有创造力的人，过富有创造力的生活会是一件很费力的事情。第一，富有创造力的人需要与黑暗的力量进行抗争。对体验的开放性意味着你比较熟悉焦虑、抑郁等情绪，而且这类情绪有可能变得失控。第二，富有创造力的人会不断承受着反抗传统的压力。放弃人们偏爱的、习惯了的行为模式必然会引发争议。如果你富有创造力，就一定会感受到其他人的质疑，即使不是直截了当的敌意，而这会让人感到负担沉重。第三，富有创造力的工作常常伴随着彻底的疲惫。充满激情地投入到富有创意的工作中会影响睡眠，导致与他人的关系紧张，损害自己的身体健康。所以，你确定自己希望富有创造力或希望继续做一个富有创造力的人吗?

当然，富有创造力也有积极的方面。第一，虽然富有创造力的人易存在消极情绪，但开放性也会使其能够比传统者更敏锐地感受到积极情绪。所以，富有创造力的人很容易感受到快乐、欣喜和心流，它们足以抵消并超过其所感受到的消极情绪。第二，尽管反抗传统会令人精疲力竭，但当创造性的工作解决了传统方法所不能解决的问题时，他们也会感到无比欢欣鼓舞。这种欢欣来自内在的动机，它驱动了创造性的追求。事实上，外在的诱惑和认可反而可能会让他们失去动力。[16]第三，尽管富有创造力的人可能会付出健康的代价，但当探讨这些代价时，会出现一个意想不到的微妙转折。

想一下查尔斯·达尔文的案例。众所周知，达尔文患有一种使他多年不能出门的疾病，头晕、心悸、呕吐、肠胃胀气和胸部疼痛等症状反复发作。这些症状最早出现在他乘坐小猎犬号进行那次为期 5 年的著名旅行之前，在那次旅行中，达尔文收集了大量信息，由此产生了他的进化理论。在旅行期间，达尔文吃苦耐劳，精力充沛，具有冒险精神，而且他的那些症状都消失了。但是当他返回英国时，那些症状再次出现，而且也查不出身体上的问题。当时，著名的医学权威都强烈建议他在家休息。

关于达尔文的身体症状，最有趣的解释之一来自乔治·皮克林爵士（Sir

George Pickering）的书《创造性疾病》（*Creative Malady*）。[17]皮克林提出，对于像达尔文、弗罗伦斯·南丁格尔和马塞尔·普鲁斯特这样富有创造力的人，疾病可能提高了他们的创造力。尽管身体疾病也许不能有效地提高创造力，但精神疾病可以。关于达尔文的案例，皮克林赞同较早的诊断，即达尔文的病是一种精神性神经病，它的作用是让达尔文避开琐碎浅薄的社会交往。

达尔文的信为这种观点提供了充足的证明。他拒绝了担任地质学会秘书长的邀请，因为这个职位涉及大量的社会交往，他在信中说："近来，任何让我感到不安的事情过后，我都会感到精疲力竭，并会产生严重的心悸。"[18]显而易见的是，冲突性的社会互动最让达尔文感到心神不安。在那个依然非常保守的年代，人们对世界由神创造的观点有着根深蒂固的信念，很难想象还有什么理论能比达尔文的进化论引发更大的争议。疾病使达尔文不得不过着隐居的生活，他用社交性的生活换取了可以追求他的核心计划以完成进化论的生活。正如皮克林详细记载的，达尔文之所以能写出富有创造力的进化论，是因为他生活中的其他一切事情都因这个不朽的任务而被牺牲掉了。

在后面的章节中，我会谈到幸福如何取决于对核心计划的不懈追求，不过现在，我要说一说完成大胆创新的计划所需要的支持。如果没有其他人的支持，尤其是他妻子艾玛的支持，达尔文很可能无法一直坚持他富有创造力的工作。在他们43年的婚姻中，艾玛保护达尔文不受社会刺激的侵扰，每天为他演奏钢琴，帮助他放松，担任他的秘书兼编辑。晚年时，人们仍会在唐恩小屋的花园里看到她陪伴着她挚爱的"查尔斯"。

我们可以得出结论，富有创造力的人古怪而大胆，他们需要依靠默默无闻的协助者的支持，比如IPAR研究中的对照组和艾玛·达尔文。这种支持往往得不到承认，但对达尔文来说，显然他始终都很清楚艾玛有多么重要。

他这样描写艾玛："我最大的幸福便是拥有她……在我的一生中，她既是明智的顾问，又是快乐的安慰者。如果没有她，我的生活将会陷入病痛缠身的长期痛苦中。"[19]

通过有关人格与创造力的研究，可以得出什么结论以帮助我们理解自己与他人？如果你在本章开篇的创造性人格量表中取得了高分，那么你可能在本章对富有创造力的人的描述中发现了自己。你可能对体验具有开放的态度，对其他人可能会忽略，甚至根本没意识到的感觉、影像和想法很敏感。有时，这对于你自己以及与你交往的人来说都是一种烦扰。但是你富有创造力行为的产物，用嘎嘎小姐"不戴避孕套"的说法，也就是你行为的孩子，可能会产生解决问题的新颖方法，而这些新颖的方法能够造福于你和他人。

如果你在创造性人格量表上得分不高，那么我希望你已经记住了比较传统的人在创意过程中发挥的作用。正如马基雅维利（Machiavelli）的名言所指出的，改变事情的秩序既困难，又不确定，而且危险。从某种程度上来说，我认为出现这种挑战的原因在于，尽管创新者的人格特质非常适合于产生新颖的观点，但不适合将富有创造力的观点转化为成果。

最后，很重要的一点是，我们应该认识到幸福具有很多不同的方面，这些方面有可能互相冲突。富有创造力的冒险或许会给你带来极大的满足，成为你人生中起决定作用的奋斗目标，甚至有可能改变世界，但也有可能让你付出健康或人际关系的代价。因此，这最终归结为选择的问题，也就是说，你选择对幸福的哪个方面赋予最大的重要性。尽一切努力去追求你所热爱的事业，但你应该知道，在这样做的时候你可能也在选择你的毒药。

# 08

# 人格与环境：寻找你真正的家园

ME MYSELF AND US

**关于环境人格，你认为以下哪些说法是正确的?**

A. 高度城市化的人对文化生活感兴趣；

B. 环境适应性强的人会认为自己有能力适应周围的环境中；

C. 在美国，北方地区的宜人性相对较高；

D. 田园主义者厌恶大城市；

E. 一个地区责任感强，可能反映了其青壮年人士多。

扫码做题，获取答案及解析。

人类过去、现在和未来，都始终是他们出生以前和降生以后的周围环境的产物。

——欧文·亚隆

渴望有意义的独处并不意味着神经症；相反，不能建设性地独处，则是神经症的信号。

——卡伦·霍妮

你现在在什么地方？是在市中心的咖啡馆，花园的深处，网上，漫长、无聊、吵闹的上班路上，还是独自躲在一个角落里读书？你喜欢刺激的环境，还是安宁静谧的环境？你感到最舒服的地方是否让你的伴侣感到局促不安？你会在社交媒体中毫无保留地展现自己，还是认为社交媒体无比险恶，充满了威胁？

在本章中，我们将探讨物质环境与人格的相互作用如何影响着人们的幸福。我会让你反思一下蜻蜓、时代广场、法戈市和社交媒体。你会看到，在反思生活品质的时候，我们需要将人格放在其所处的环境中。而当我们将关注点从真实环境转向虚拟环境，从城市转向网络世界时，环境这个概念本身的性质也会发生根本性的改变。

## 环境设计与人类幸福

我经常给建筑与城市设计班的学生讲人格心理学，我发现这些学生很有趣，也具有挑战性，老实说，有时还相当奇怪。尽管我博士读的是人格心理学，但我的第二兴趣是当时新兴的一个领域——环境心理学，那时，加州大学伯克利分校刚刚招收了这个领域的第一个研究生班。20 世纪 60 年代中期，建筑师和城市设计师非常热情地想要了解心理学家对人与环境的关系有什么见解。同样，心理学家对他们在设计居所和城市时所采用的心理假设也很感兴趣。于是，我搜索了建筑与设计方面的文献，并参加了许多同时涉及环境设计与行为科学的会议。其中，1975 年在堪萨斯州劳伦斯市召开的一个会议让我感到特别激动，而这都是因为克里斯托弗·亚历山大（Christopher Alexander）。

亚历山大曾在剑桥大学学习数学和建筑学，是哈佛大学最早的一批建筑学博士毕业生之一。他所写的《形式综合论》（*Notes on the Synthesis of Form*）对好几个领域都产生了重大影响。[1]它成为早期软件设计领域的主要教材，并且至今仍在各种设计领域中深具影响力。不过，它对建筑学的影响比较两极化。这在某种程度上是因为亚历山大相信，最好的建筑设计并非出自充满创意的建筑师的专业技能，而是来自以地方性知识为基础的不受时间影响的建筑方式。对很多建筑师来说，认为建筑设计本质上不需要建筑师也可以的观点不是那么好接受。亚历山大创造了他所说的“模式语言”，指反复出现的环境形式的生成语法，它不断发展以满足人类的需求。对我来说，这似乎是一种很有前景的看待人与环境关系的方式，其实也就是将人格放在它所处的环境中来观察。因此，当听说亚历山大会在堪萨斯州的会议上发表主题演讲时，我就带好笔记本去抢了前排的座位，相信自己一定会听到很深奥的演讲。

他果然没有让我失望。亚历山大又高又瘦，非常像汤姆·米森所饰演的伊卡布·克兰（Ichabod Crane）①。主持人介绍完之后，他一动不动地站了一会儿，一副若有所思的样子，然后他开始了演讲，语速缓慢，犹豫不决。我记得他演讲的主题是“什么是建筑学”，一开始他放了一段视频：在日本京都，他坐在花园里，一只蜻蜓从蓝天上直冲下来，然后轻轻落在樱花的花瓣上。“那就是，”亚历山大说，为了演讲的效果暂停了一下，“建筑学的本质。”接下来又是长长的沉默。

我不太确定当时自己有什么感受。但毫无疑问，我被深深地吸引了，当然，可能也有一点困惑。我身体前倾，渴望听到更多。坐在我旁边的人有着完全不同的反应。他是一位讲求实际、态度强硬、注重量化，以老鼠为研究对象的心理学家。他凑过来对我说：“他妈的，他在说什么？”这句话好像打破了我的魔咒，清楚地揭示出建筑师与心理学家想法的不同，至少是有些心理学家和有些建筑师的不同。不过，克里斯托弗·亚历山大想要表达的，和我在本章中将要探讨的，都是如何设计环境以提升人们的幸福。对亚历山大来说，只有当生物与环境之间的关系是和谐的，才能实现幸福的提升。这个观点几乎不可能会引发争议，但它确实引发了争议，并且将继续引发争议。

1982 年 11 月 17 日，在哈佛大学设计研究生院，这个观点成了亚历山大与另一位杰出建筑师彼得·艾森曼（Peter Eisenman）争论的焦点。[2]人们普遍认为这场争论很经典，当然，这在某种程度上是因为他们在这场争论中都言语粗俗，充满讽刺。

艾森曼是一位后现代建筑师兼解构主义者，他曾和雅克·德里达（Jacques Derrida）共事过，在力图摒弃现代主义及其对功能性设计的强调的运动中，他

① 美剧《沉睡谷》中的角色。——编者注

如鱼得水。他认为建筑应该具有挑战性，应该异想天开，应该不和谐，应该令人不安，应该象征混乱的紧张状态，然后解决它。总之，建筑应该反映时代的困惑与焦虑，就像一面反射当代忧虑与情感的镜子。与之相反，亚历山大憎恶这种建筑态度。他认为住宅和城市的设计应该给人以和谐一致的感觉，就像落在樱花花瓣上的蜻蜓一样。

## 亚历山大设计：满足亲密交往的需求

在亚历山大看来，建筑设计应该反映生活在其中的人们的最深层需求。那么，如果建筑师和设计师想要基于人们的心理需求来创建环境，他们需要了解什么？在其作品标题为“城市是维持人类交往的机制”的一章中，亚历山大明确地提出了这个问题，并引用了大量心理学、社会学和精神病学的研究来对其进行解答。[3]他提出人类普遍需要亲密的交往，并将其称为幸福的要素，“只有当生活中存在三到四个亲密的人时，人们才能得到健康与幸福。只有当社会中的每一个个体在每个存在阶段都拥有三到四份亲密关系时，社会才是健康的”。

这些交往和联系需要采取特定的形式。人们必须以非正式的形式表露自己，毫无保留，不用害怕什么，这意味着他们几乎需要天天见面。而且，这类互动必须是非正式的，不受任何剧本或角色影响。互动的唯一目的就是向他人展露最深层的自我感觉。

亚历山大认为，工业革命前的一个小镇能够充分满足这种亲密交往的需要。但是随着工业化程度的加深，人们从比较公共的住所搬到了较私密的住所，住所与住所相互分开，这导致了他所说的“自治－退隐综合征”，对个人幸福与社会幸福造成了严重的威胁。他认为自给自足和自治是一种病态的观念，而这种观念最痛彻的象征或许就是一个孩子独自在大花园里玩耍的情景。很多人或许会觉得这是一个积极的画面，但对亚历山大来说，这个情景代表了一个严重扭曲的系统，已经对个人与社会的幸福造成了威胁。

应对这些威胁的一种方法是，在设计房屋时更多地考虑人们的心理，避免妨碍人们对亲密交往的需要。亚历山大提出，城市设计应该有利于促进社会交往，包括增加孩子们互相接触的机会，增加成年人互相拜访的可能性。他的设计基于 12 个几何特点，通过高密度的模块化结构，尽可能使人们能够自发地聚集在一起。

我们将他的设计想法称为亚历山大设计，不过，这里就不进行详细介绍了，因为在这些想法被发表的几年后，亚历山大便认为它们太局限，确定性太强了。但值得关注的是他的总体观点，即城市设计如何通过满足人类需求来提高人们的生活品质。

作为一名人格心理学家，我带着很大的兴趣和一些怀疑阅读了这些有关人类需求与环境形式的描述。你应该还记得第 1 章开篇引用的一个常识性观点：在某些方面，每个人都是相似的；同时，每个人也都会有某些方面与一些人相似，而与另外一些人不相似。亚历山大认为所有人都需要亲密交往，他的城市设计也力图满足这个需求。但正如我们在本书中反复看到的，人格存在个体差异，每个人都和有些人相像，而与另一些人不相像。所以，很可能有些人喜欢住在亚历山大设计的城市或住所中，而另一些人却觉得那简直是人间地狱。假使这样的话，与人们的感受相关性最高的特质就是外倾性 / 内倾性。对外向者来说，每天能够和三到四个人进行亲密交往的环境可能是很理想的，但对内向者来说，这是理想环境吗？我认为不是。

亚历山大的设计是一种理论上的设计，其目的是促进非正式的、真诚而频繁的交往，在此理念基础上形成的环境一定是高密度且令人兴奋的。

## 米尔格拉姆之城：应对信息超载

下面来看一下另一种城市观，我称之为米尔格拉姆之城，对于城市刺激如何影响着人们的幸福，它提供了一种非常不同的看法。

本书第一次谈到斯坦利·米尔格拉姆是在第1章，也就是在探讨熟悉的陌生人现象时。其实，关于熟悉的陌生人现象，米尔格拉姆是在更加复杂的理论背景，即关于城市对人类幸福的作用的理论中探讨的。至少从社交对人们刺激的程度来看，米尔格拉姆对城市的描述与亚历山大的观点截然相反。米尔格拉姆把城市视作刺激之源，认为刺激的累积效应对人类幸福明显具有不利的影响。[4]

米尔格拉姆认为，当一个人进入一座城市时，他会面对三个人口统计学事实：许许多多的人、压缩的空间（因此密度很高）以及社会异质性。在这三个因素的共同影响下，人们会形成“信息输入超载”的心理状况。米尔格拉姆认为这种超载对心理是有害的，它促使人们采取适应策略，以降低环境刺激的数量和节奏。尽管这些策略在个人维度上会产生积极的作用，但在社会维度上却会造成问题。让我们来思考一下在应对信息输入超载时可以采取的三种适应性策略。

第一，人们可以减少花在这些刺激源上的时间。城市环境与乡村环境中的人们在日常交易节奏上的差异很好地证明了这一点。城市的生活节奏比乡村地区的快：人们走路的速度更快，交流时间更短。[5]快速行走意味着人们常常会看不到那些造成超载的人和事件，这也适用于互动过程。例如，一组研究比较了在城市和小镇上的人们从邮局柜台购买邮票所需花费的时间。结果发现，城市中的交易显然更快，而且城市中交易的品质也更可能会比较低。在小镇上，买邮票时你可能会顺便聊聊天气，八卦一下你妹妹的“特殊朋友”和昨晚停在她公寓外面的汽车，讨论一下你给自己和宠物猫买的情侣装是不是很可爱。而在城市里，虽然这些事情可能同样值得聊一聊，但没人有时间说这些，更何况你的后面可能还排着 5 个人，所以你通常只能收到一句话：“祝你今天过得愉快。下一个！”

第二，人们可以忽视优先级低的信息输入。在城市里，人们不会去注意一些迎面而来的刺激。虽然这种适应策略避免了信息输入超载，但也会造成严重的社会问题。想一下社会异质性这个人口统计学事实：城市中有多样化的人，多样化的时间和情境。从人的方面来说，这种适应策略造成的社会问题是忽视了那些你认为不重要的人。可能被忽视的人是多种多样的，比如你可能会过滤掉 30 岁以上或 30 岁以下的人，身上有刺青的人，个子矮的人，乞丐或任何开路虎车的人。当然，这意味着无论你的过滤标准是什么，它都需要具有直接的可辨识性。因此，身高、肤色、装饰品这些非常容易看到的线索便会成为有效的过滤器。但假设你最不重视的信息输入是某种政治取向的后现代社会学家，那么，尽管勃肯拖鞋、络腮胡和双肩背可能是很好的线索，想把他们识别出来并忽略掉也并非易事。

第三，人们可以在信息有机会进入其信息处理系统前就拦截住它们。例如，按人均来算，城市居民比小镇居民有更多没被存入通讯录的电话号码，这是削减多余刺激的有效方法。另一种更隐蔽、更有趣的方法是，人们摆出一副别理我的表情，由此传递出自己不想被打扰的信息。我甚至注意到在不同的城市中，尤其是女性，在使用这项策略时存在着微妙的差异。例如在多伦多，人们会直视前方，略微带着一点烦躁的迹象。在蒙特利尔，方式是一样的，但人们另外还会用略微上扬的眉毛传递出“我可说不清楚”的意思，通常还会伴随着提升颧骨的动作。当然，没有已发表的实验数据能够证明这些观察发现。

一旦进入城市，人们便需要有意识地决定采取不同的方法来应对信息输入超载，并明确地思考如何能减少其他人对自己的要求和恳求。这就需要人们动用自己的认知资源。不过幸运的是，正因为在城市里，所以这个任务变得比在小镇上简单了许多。人们形成了一套不介入他人事情的规则。而这种规则意味着不必解释为什么不介入他人的生活，只需要解释为什么介入。这种规则非常强有力，正如米尔格拉姆亲身见证的。

事情始于米尔格拉姆的岳母。[6]她问米尔格拉姆，纽约地铁上的人为什么不给满头白发的老人让座。作为一名充满好奇心的研究者，米尔格拉姆决定去寻找答案。他招募了一些研究生做志愿者，让他们到曼哈顿的地铁上，并请人们给他们让座。关于如何请人让座，他设计了几种不同的版本，其中最有趣的版本非常简单，就是直接问：“请问你能把座位让给我吗？”许多志愿者想了想，最终都决定不去提出这样的请求。但有一个志愿者尝试了这个大胆的行为，他带回实验室的结果是“他们站起来了”。不过，他觉得这样做压力太大了。后来，米尔格拉姆决定自己去探索这个问题。他走进地铁，靠近一个人，用几乎是卡在喉咙里的声音请求那个人给他让座。米尔格拉姆说这让他感到不舒服。这是为什么？是因为不介入他人事情的规则确实非常强有力，它是如此根深蒂固，以至于轻视它便会让人们付出代价。

对米尔格拉姆来说，不介入他人的事情是城市生活的核心体验，也是产生信息输入超载的因素。人们利用适应机制来减少信息输入超载，然后又把这些机制变成城市中应有的行为方式，以至于礼貌本身已成为人们需要感到抱歉的事情。

## 你的理想国，我的地狱

让我们退后一步，看一看透过亚历山大设计和米尔格拉姆之城的视角，我们对城市有了怎样的了解。

ME MYSELF AND US

**对亚历山大来说，城市提升了个人能动感和孤立感，应该被彻底重新设计，激发更多的人际交往与亲密联系。对米尔格拉姆来说，城市中的人际交往太多了，这类接触会导致信息输入超载，而适应策略能够减轻其消极影响。**

亚历山大主要关心的是房屋和社区层面的环境设计，而米尔格拉姆关注的是城市中心。亚历山大明确指出为了人类的繁荣昌盛，应该怎样设计城市；而米尔格拉姆的焦点是描述城市中的生活体验。然而这里存在一个问题：亚历山大把城市看作应增加人际交往的地方，这样人们对亲密交往的普遍需求便能得到满足；米尔格拉姆则认为应该减少城市中的人际交往，这样信息输入超载才不会对人们有限的处理能力造成挑战。两人都假定他们的观点适用于所有人，而且都没有充分意识到在对刺激的需求，尤其是对社会刺激的需求上，可能存在重要的个体差异。

在亚历山大的描述中，人类的住所彼此分离，自成体系，社会刺激很少。这种环境可能会吸引具有某类人格的人，比如内向者和具有内控点的人。而他提出的解决方法，也就是亚历山大设计，会制造大量的社会交往，则更有可能吸引招人喜欢的外向者以及对体验具有开放态度的人。与之相反，在米尔格拉姆的描述中，城市是信息输入超载的根源，存在着大量“某人可能会关心”的信息，这样的城市可能正是某些人向往的地方，比如外向者或 A 型人格者。

总之，一个人的理想国可能是另一个人的地狱。理想的生活空间设计应该反映人们对人格与环境如何相互作用的认识。正如下面要讲的，我们应该超越大五人格来理解这个问题。

## 环境人格：哪种环境适合你？

尽管大五人格特质，比如外倾性和神经质，有助于理解人们天生会被什么样的环境吸引，但这只是一种粗略的指引。环境心理学家提供了一套更细化的特质，他们称之为环境性格，有助于理解人们对物质环境的各种各样的取向。[7] 为了探究这些环境性格，乔治·麦基奇尼（George McKechnie）编制了一个最全面的评估量表，即环境反应量表（ERI）。[8]

环境反应量表能够测量在日常物质环境中，人们在 8 种不同性格上的得分。如果你曾和伴侣、室友或家人严肃地讨论过搬到另一个城镇的可能性，那么你会发现，了解环境反应量表中每种环境取向的描述是一件很有趣的事。下面，看一看你是否能在这些描述中找到自己吧。

### 环境反应量表取向 ME MYSELF AND US

**田园主义（PA）**

高度田园主义的人对纯粹的环境体验很敏感，反对土地开发，喜欢开阔的空间，注重对自然资源的保护。他们还认为自然力量是人类生活的塑造者，支持在自然环境中自给自足。

**城市化（UR）**

高度城市化的人喜欢高密度的生活，喜欢城市中频繁而多样的刺激。他们对文化生活感兴趣，喜欢人类丰富的多样性。

**环境适应（EA）**

在环境适应上得分高的人认为环境的主要作用是让人们感到舒适与休闲，并满足人们的需求，而且他们赞同为了这些目的而改造环境。他们支持私人使用土地，支持用技术来解决问题，倾向于对环境细节进行风格化归类。

**寻求刺激（SS）**

在寻求刺激上得分高的人对旅行和探索不寻常的地方很感兴趣。他们喜欢强烈而复杂的身体感受，具有非常广泛的兴趣。

**环境信赖（ET）**

在环境信赖上得分高的人对环境敏感、信赖，具有开放性。他们认为自己有能力穿行于周围的环境中。相对于其他类型的人来说，他们不太担心自己的安全，不受保护地一个人待着也不会让他们感到紧张不适。

**尚古主义（AN）**

在尚古主义上得分高的人喜欢古董和历史遗迹，相对于现代设计，他们更喜欢传统设计。他们对早期巧夺天工的环境、风景与文化艺术品具有审美敏感性。他们喜欢收集对自己具有重要情感意义的物品。

**隐私需要（NP）**

在隐私需要上得分高的人非常需要独处以避免刺激与干扰。他们喜欢独处，不喜欢和邻居有过多交往。

**机械取向（MO）**

在机械取向上得分高的人对事物的工作原理、对各种各样的机械很感兴趣。他们喜欢动手，对技术的过程和科学的基本原理感兴趣。

现在让我们来讨论一下唐纳德和蕾切尔夫妇，他们打算搬家。假设他们很有钱，可以在各种各样的选项中选择理想的地点，不需要考虑经济方面的因素，只需要选择生活风格。唐纳德在城市化和寻求刺激的维度上取得了高分，而蕾切尔在田园主义和尚古主义维度上取得了高分。所以，他们不太可能就搬家的目的地达成一致意见，这不仅仅是因为客观的理解上的差异，还因为他们对环境具有不同的情感态度。

正如麦基奇尼描述的，在城市化上取得高分的唐纳德会具有以下的价值观：

> 人类生活的本质在于人与其他人的关系。城市将有趣且见多识广的人聚集在一起，并且提供了文化、审美与知识生活。如果没有人口密集的城市，这些都是不可能实现的。城市迫使人们互相依赖，这种相互依赖将人类存在的基本结构编织在一起。

在寻求刺激维度上取得高分，说明唐纳德还持有这样的态度：

> 人生是一场冒险：我们有事情要做，有山峰要去征服，有城市要去探索。去感受就是活着，就是对周围环境保持敏感、做出回应。冒险的需要不应该被琐碎的规则或传统束缚。在生活中，我们应该追求新的、独特的、未被尝试的和令人激动的事情。

可以想象，唐纳德会更倾向于搬到一个能满足他的社交需求、文化多样性需求和冒险需求的地方。因此，对唐纳德来说，城市完胜，他的理想就是在市中心拥有一栋复式房子，以使其可以沉浸在都市生活无穷无尽的魅力中。

而对蕾切尔来说，城市却是几种选择中最没吸引力的一个。在田园主义维度上取得高分，说明她与唐纳德对环境具有非常不同的态度：

> 欣赏自然的奇妙与美丽，让它进入你的生活，影响你的生活。注意不要让自己的行为破坏了自然环境或浪费了自然资源。了解生态学，它将维持人类的生存，因为“世界存乎荒野”。

在尚古主义维度上得到高分，说明了蕾切尔偏好中更细微的方面：

> 有形的物品是打开尘封的记忆的钥匙。花瓶的柔和曲线，桌子的华丽细节让人感到舒服，并为人们提供面对未来所需的情感支持、力量及同一性。充满感情的且在审美上具有亲近感与依赖感的物品界定了个人环境，维持着人们的生活。

因此，蕾切尔首选的居住地点是小村庄，并想在那里开一家精品店。她会给自己的店取名为寂静春天古董店，销售公平贸易咖啡[①]、寄售的古董、复古的服装和手工家具。蕾切尔希望唐纳德和她一起经营这家店，但唐纳德却表示他宁可变成瞎子也不愿和她一起去乡村开店。

蕾切尔真的非常讨厌大城市，所以即使不得不独自应对生活，她也决心要搬到乡下去，每天与曲线优美的花瓶、华丽的桌子以及四只猫为伴。至于社会刺激，与少量热诚的顾客的交往便能让她感到满足了。但在唐纳德看来，这些顾客都挺没劲的，但是如果有一把德尔·杰苏制作的小提琴神秘地出现这里待售，如果有猫屎咖啡新上架，或者有一只猫失踪时，他们便会活跃起来，积极地参与。

① 用公正的价格直接和当地的咖啡农进行交易，其前提是透明的管理模式和商业形式，保证生产者的劳动环境，保护当地环境。同时提供相应的生产技术和培训，建立桥梁、学校、医院等设施。其目的就是可持续地进行发展和减缓贫穷。——译者注

在最后一章中，我们会进一步探讨当人们想要推进的计划与推进它们的地点出现矛盾时会发生什么。不过很显然，唐纳德和蕾切尔需要进行进一步的商谈。

## 环境的大五人格

到目前为止，我们从客观特征的角度对环境进行了探讨，比如环境的人口统计学特点、环境中刺激的数量，以及环境能够提供怎样的社会交往。然而，环境还存在另一个方面，理查德·佛罗里达（Richard Florida）的《你属哪座城？》（*Who's Your City?*）一书很好地探讨了这个方面。[9] 从这个角度讲，环境是有人格的，因此我们可以把城镇或社区描述为外倾的、宜人的、神经质的、开放的或尽责的，当然，尽责这个特点可能不是那么明显。

剑桥大学的贾森·伦特福罗和得克萨斯大学的萨姆·戈斯林曾发起过一个有趣的研究项目。在这项研究中，他们绘制了一幅地图，标注出了整个北美和英国大不列颠岛不同城市与地区的大五人格。[10] 不同城市与地区在几个人格维度上的分数来自一个大规模调查，他们抽取了 100 万人，其中四分之三以上的人在网上完成了大五人格问卷，最后，通过计算平均分，就得出了环境的人格分数。这项研究还收集了与生活品质有关的重要测量数据，比如健康、死亡率和社交情况。结果非常有趣，因为不仅有一些传统的看法被证实了，还有些结果相当出人意料。

让我们从外倾性开始讲，也就是积极、乐观、开朗和爱社交的倾向。美国哪个州的外向者最集中？查看过研究结果后，我在不同的演讲中向听众提出过这个问题，但到目前为止没有一个人猜对。人们最常猜的答案是得克萨斯州、纽约州或加利福尼亚州，但这些都不对。事实上，美国最外向的州是北达科他州。为什么？研究者推测，这可能是芝加哥人迁移到这里而产生的影响，毕竟芝加哥是外倾性人士聚集的中心，有很高比例的销售人员和其他需要进行大量社会交往的工作者。

不过，我想到了另一种可能的原因。2008 年，北达科他州以西北部为中心的地区因石油而繁荣了起来。尽管早在 20 世纪 50 年代，人们便在这里发现了丰富的石油储量，但直到开发出新的技术，即水力压裂法，对这里的石油进行开采才具有了商业上的可行性。在 2005 年到 2009 年期间，北达科他州从事石油相关工作的劳动者从 5 000 多人增加到了 18 000 多人，其中大多数是专门从事石油工作的男性，比如钻井工、装配工和非技术工。这些人野心勃勃，大多没有家庭的牵绊，而且非常外向。确实，外向是促使人移民的人格特质之一，正是因为外向，第一批移民才会离开可预测的、舒服的家，到国外探索新的可能性。外向者会前往看起来最有前景的地方，北达科他州的油田就被人们寄予了如此的期望。[11]

大五人格中的宜人性又怎么样呢？宜人性就是指令人愉快、和蔼可亲。美国南方地区在宜人性上的分数普遍较高，但分数最高的州仍然是北达科他州。是否存在某种类似于法戈[①]的因素或俾斯麦盟约，吸引到了乐观开朗的人并将其留在了北达科他州？我们已经考虑了北达科他州，至少是北达科他州西北部地区在经济上的吸引力，尽管这看起来显然是与外倾性有关，而与宜人性无关。

那么，究竟是什么吸引并留住了那些令人愉快、和蔼可亲的人呢？是一些以友好著称的小镇，在那里合作是常态，很少发生冲突。即使是像法戈这样中等规模的城市，距离明尼苏达州的穆尔黑德只有两分钟车程，也会被认为是

① 法戈高居美国最适宜经商就业的小型城市榜首，它位于北达科他州。——译者注

非常友好宜人的。确实，在法戈－穆尔黑德[①]举办的各种活动和旅游局网站的首页都完美地体现了这个特点。旅游局网站首页的大标题是“热情的欢迎在等待您”，接下来则写着：“你可能已经看了天气频道报告的天气炎热程度，但现在请忘记那些，来看看法戈人的热情程度。当来到法戈，感受一下我们的社区和人民，你会发现，法戈－穆尔黑德真的是全美最热情的都市之一。”[12]

宜人性的另一个方面是谦虚，在上面的欢迎词中，“最热情的都市之一”的说法确实也有点儿保守了。在宜人性上，北达科他州和明尼苏达州分别排在全美的第一和第二，众所周知的“明尼苏达式友善”就是人们对其宜人性水平一以贯之且客观的评价。比如说，2004年，一场严重的流感爆发，美国和其他一些地方的人们都蜂拥而去接种疫苗，焦虑地排着长队等待，但这种情况没有发生在作为友善关系中心的北达科他州和明尼苏达州。《纽约时报》的一篇报道说，那里的很多居民都放弃了接种疫苗，这样其他更容易被感染的人就能得到接种机会，而这表现出了他们传说中的宜人性。明尼苏达州卫生署免疫接种部门的负责人力劝本州体质较弱的人接种疫苗，但去接种疫苗的人仍然非常少。“他们称之为明尼苏达式友善，”格蕾琴说，“人们觉得自己应该把机会让给更需要的人。”[13]

尽管在州的层面上，宜人性与社会参与、笃信宗教以及公民意识正相关，但与去酒吧的频率存在反向相关性。在东北部的城市中，宜人性分数偏低的情况最普遍，而对于这一点，那里的人们或许会说：“我要为此干杯。”

至于开放性，也就是有探索欲、好奇心和创造力的性格，美国东北部，尤其是纽约市占据绝对上风，因为在纽约市从事创意产业和艺术职业的人多得夸

① 穆尔黑德位于明尼苏达州，与法戈隔北红河相望，因为资源共享，人们几乎感觉不到这是两个城市。——译者注

张。这与我们对创意者的人口统计学的了解是一致的。纽约吸引了各种各样的性格多元化的人，因为在这里，有充足空间让他们标新立异，而且其他有才能的人也会支持他们的追求。而在开放性上，北达科他州是否也得到了极端的分数呢？是的，它是全美最后一名！为了让环境与人相匹配，或许应该建议和蔼可亲的外向者收拾好行装，飞往法戈，如果他们还没在那里的话。只是，如果他们非常符合这种模式，那么他们的想法很可能也会非常接近。

尽责性，即反映出人们的责任心和自律性的特质，显现出与宜人性类似的模式。调查发现，与人们的传统观念相反，美国南部各州的尽责性分数最高，东北部地区的尽责性分数最低。最令人吃惊的或许是佛罗里达州的分数，因为结果与许多令人讨厌的刻板印象背道而驰，佛罗里达州在尽责性上取得了最高分。这可能在某种程度上反映出了该州的老年人比较多，因为研究发现老年人的尽责性较高。

最后，神经质也展现出了有趣的空间特点，我们可以将其描述为大致划分东部和西部的一条压力带。神经质地区的特点是情绪不稳定、焦虑、冲动，住在这类地区的居民锻炼比较少，患病的概率较高，寿命比较短。这些特点在纽约市特别普遍。那么，什么地方是最不神经质的？加利福尼亚州，所以，说这里的人是最柔和的左派的刻板印象绝不是只有一点真实。

人格心理学家刚刚开始探究人与环境的联系，而这些研究的重要性在于，它们突出了日常生活中一些潜在的抑郁来源，以及生活在与自己有共鸣的环境中的快乐。我推测，如果进行研究，我们也会发现，生活在与自己人格不符的城市中会给人们造成很大的压力。比如说，一个思想保守，和蔼可亲，没有一丝神经质迹象的人不太可能在纽约过得顺心；如果他搬去法戈市，情况就会好得多。

## 网络环境与人格的相互影响

在本章开篇我问过，你是不是正在上网，如果不是，那么今天的某个时候你也一定会上网。人们越来越离不开网络，推特、iPhone、YouTube、Facebook以及无数新兴的技术将人们联系在一起。人们越来越投入到网络世界中，网络也逐渐成为人们工作、玩耍和表达自我的环境，而现在，是时候问一问它对人们的幸福有什么影响，网络世界的体验与人们的人格又是如何相互塑造的了。

关于网络，存在两种对立的观点。一种是从理想化的角度去看待网络，把它看作与他人交往的有效途径，认为它能使人们接触到无限的体验和信息。另一种观点与之正相反，认为网络世界的生活是超负荷的、虚假的、去人性化的，同时还使人们远离了面对面的交往。

ME MYSELF AND US

**从乐观的乌托邦视角来看，网络世界是亚历山大设计，它制造了人际交往；从悲观的反乌托邦视角来看，网络世界是米尔格拉姆之城，是给人带来沉重负担的超载环境，会使人感到压力并造成社交分离。**

有一些实验研究可以让我们对这两种观点有更多的认识。

多伦多大学的巴里·韦尔曼（Barry Wellman）对互联网与移动技术所推动的社会交往进行了一系列全面的研究。研究的理论框架是假定由于技术的进步，出现了一种新形式的社会组织，他们称之为“连接性个人主义”。[14] 韦尔曼的研究团队提出，人们不再通过群体与他人发生联系，每个人在网络世界所形成的社交网络仅与他在非虚拟世界建立的社交网络有一部分重叠。鉴于这种新形式的社会组织，便产生了一个富有挑战性的问题，即这类社交网络是否能够像传统的社群形式那样，为人们提供相同类型的支持与联系？

一些较早期的研究显示，网络世界会把人们的注意力和精力从现实的社会互动上吸引走，因此，互联网和移动技术使人们变得彼此孤立，而这会给人造成压力，损害人的幸福感。与早期的这些担忧相反，韦尔曼团队提出的强有力的证据显示，连接性个人主义是一种积极的发展，虚拟交往能够提升生活品质。例如，网络世界中的交往并没有夺走人们对非虚拟世界中人际互动的注意力和精力，反而能促使在现实世界中主动将自己孤立起来的人参与交往。[15]

在关于连接性个人主义的研究中，重新探讨亚历山大设计是一件很有趣的事情。虚拟交往是否能满足亚历山大所假设的人类的基本需求，即与一群亲密的他人进行毫无保留的、面对面的频繁交往的需求？对于Facebook、推特和其他新兴社交网站的热衷者来说，他们会响亮地回答“是的”。但显而易见的是，虚拟交往与真实的交往存在着性质上的差异。例如，在Facebook上，我们不能闻到彼此的气味。不过，网络世界似乎使人们可以更轻易地将自己关心的事情传递给对其重要的人。

韦尔曼的研究是在社会学的维度上进行的，不太关注人们对网络世界的反应中所存在的个体差异。而我在剑桥大学社会生态学研究小组中的学生对探究这类个体差异非常感兴趣，尤其是对于人格特质及个人计划评价上的分数是否能反映出一些人格与社交媒体使用之间的微妙关系。让我们聚焦在Facebook上，它通常具有各种各样的功能，比如更新状态、聊天、发信息和留言。我们感兴趣的是这些交往方式是否能提升幸福感，尤其是如果Facebook的这类功能使别人能够看到人们的个人计划，人们是否会因此而增加获得支持的可能性。[16]

研究结果证明，尽管所有使用者都从 Facebook 中获得了满足感，但相对于人人都能看到的功能，比如更新状态和留言，他们更偏爱那些使其能进行一对一亲密交流的功能，而这在很多方面类似于电子邮件。同时，使用者之间还存在着有趣的个体差异。一般来说，外向者会更频繁地使用 Facebook，更喜欢这种方式。这与我们之前关于什么人会在亚历山大设计的环境中感到舒服自在的预测是一致的。被调查者在 Facebook 上展示的个人计划主要包括休闲娱乐计划、人际关系计划和学术学业计划。

Facebook 的使用者很少通过这一平台向他人展示两类个人计划。第一类是个人内在计划，比如你试图对自己所做的某些改变，这可能是因为它们太私密了。第二类是保养维护型的计划，比如给汽车换轮胎，这可能因为它们看起来不重要。当然，推特用户重新界定了重要事情的标准：我们总是有很多“朋友”会经常让我们知道他们的日常习惯，比如过分喜欢使用牙线，或者对于观看邻居家的狗呕吐感到不可思议的兴奋。

另外，关于在 Facebook 上展示什么还存在性别差异。女性更愿意在 Facebook 上展现令她们感到压力很大的事情，而男性则很少这样做。这些结果与早期的一些研究是一致的。在社交媒体兴盛起来之前，便有研究发现，在日常生活中，会将使自己感到很有压力的事情展示给他人的男性，幸福感比较低，而这样做的女性则具有较高的幸福感。也就是说，男性公布使自己压力大的事情反而会增加压力，这可能是因为这样做展示出了他们潜在的软弱；而女性这样做则会减小压力，因为这使她们有可能获得支持。[17]

如果说韦尔曼团队和社会生态学研究小组的研究符合乐观而理想的乌托邦的网络观，那么，同样有一些研究符合反乌托邦的悲观的网络观。例如，思考一下下面这个有关网络信息超载的研究。

研究者想探究与新兴技术相关的信息超载是否会损害人们的幸福。在分为两个阶段的研究中，他们发现，在控制了所有相关的人口统计学变量以及健康与压力的基线标准后，基于网络的信息超载越严重，在后一阶段研究中便越有可能呈现出较高的压力水平和较差的健康状况。另外，与本章论点相一致的是，他们还发现，人格对信息超载与幸福之间的联系具有重要的影响。对于那些倾向于寻找兴奋和刺激的人来说，网络信息超载没有什么影响。这类人往往是外向者，而且在环境反应量表中属于寻求刺激的类型。他们还发现，环境造成的信息超载，即在本质上与米尔格拉姆之城相关的信息超载，也会产生相同的影响。[18]

总之，无论乌托邦式的网络观，即视网络为人际交往的增强剂，还是反乌托邦式的网络观，即视网络为信息超载的来源，都得到了实验支持，但就此得出有关新技术对人类幸福的影响的定论还为时过早。本章的核心观点，即环境与幸福的关系很大程度上取决于人格，似乎得到了证实。

我们知道，一些可测量的人格特点与环境倾向会使人偏爱某类环境并能使人在这类环境中如鱼得水。有些人追求混乱、吵闹、出人意料、生机勃勃的地方，他们会被大城市吸引；有些人则喜欢宁静、与世隔绝的地方。设计师的目标应该是创建使各种各样人都可以适应的环境，也就是使具有不同的人格和偏好的人适应，而不是只适合于像规划师或建筑师那样具有特定感受性的人。对创建人们生活环境的设计师来说，这是一个不小的挑战。许多勇敢的设计师会完全排斥建设适合特定感受性的人的环境，而是宁愿创建人人都喜欢，人人都能活得如鱼得水的环境。但作为心理学家，我对此表示怀疑。毕竟，即使每个纽约人都喜欢无穷无尽的兴奋与混乱，也仍有一些人会渴望轻松惬意、令人愉快的环境。

网络世界及其郊区，推特、Facebook、YouTube 等社交媒体的兴起，或许提供了一种不通过环境来满足需求的方法，它们可以响应人们在人格与偏好上的差异。对于把网络世界变得百花齐放，适应各色人等，人们具有惊人的能力，因此，人们或许会觉得网络生活比现实生活更令人满意。

当来自环境超载和网络超载的无穷信息让我感到无力招架时，我可以在网络上找到一个有助于复原的小生境。比如，我可以放一段视频，看着京都的花园里，一只蜻蜓飞落在樱花的花瓣上，同时细细思考亚历山大的问题，即那是否就是新建筑学的意义。我怀疑它不是，但为了说服你，我需要转到另一个问题上，即什么是自然自发的，什么是有计划、有算法的。我需要解释人们如何为了目标与追求而全力投入，正如我将在下一章指出的，在下一章，我会向你介绍一些令人吃惊的领悟，而且你可以通过留意即将被自己吞下去的唾沫而获得这些领悟。

# 09

# 个人计划：发现生活中新的可能性

ME MYSELF AND US

**关于个人计划，你认为以下哪些方面能极大地影响人的幸福感？**

A. 这个计划是在自己控制之内的；

B. 这个计划成功的可能性非常大；

C. 周围所有人都对这个计划寄予了厚望；

D. 这个计划是为了满足爱人的需求而发起的；

E. 对自己而言，这个计划非常有意义。

扫码做题，获取答案及解析。

自我到底是什么？只有创造了它，我们才能知道。在自我之内，存在和构造的同一性是原始的。

——谢林：《先验唯心论体系》

人只有在游戏中，才是一个完全的人。人在游戏过程中，通过扮演角色来追寻自我同一性的发展。

——席勒

在女儿 10 岁生日派对开始大约半个小时前，她向我提出了一个奇怪的要求："你可不可以对来参加派对的客人进行催眠，把他们变成各种家禽和家畜？"我当然没答应她，因为我说出的 17 个理由，有伦理方面的、法律方面的，还有可行性方面的，例如，如果奶牛开始吃鸡怎么办。她非常失望，但接着又提出了另一个要求："你可不可以做一些让我的朋友们觉得有趣的'心理学的'事情？"我一时语塞，因为 10 岁的女孩可能比满满一屋子坏脾气的神经学家还难对付，我只能努力去想，对于可爱而又令人生畏的派对小客人来说，什么事情是有趣的？

## 唾沫测试：你的个人化程度如何？

我让参加派对的孩子都聚集在厨房里，然后问有谁愿意自告奋勇做志愿者，詹妮弗表示她愿意。我对她说："好的，詹妮弗，我希望你能在嘴里弄出一些唾沫。"我用夸张的嘴部动作做示范，不知道为什么，她们都觉得很滑稽。詹妮弗学着我的样子弄出一口唾沫。"现在吞掉它。"詹妮弗看起来非常困惑，但还是照做了。我问她是否觉得奇怪或不舒服，她回答说没有。显然她以前也这样吞过唾沫。到目前为止，这一点都不有趣。我瞥了女儿一眼，她开始露出觉得很没面子的表情。不过，之后我拿出一个非常干净透亮的玻璃杯，把它放在詹妮弗面前，并让她再弄一口唾沫，她照做了。"把它吐到玻璃杯里。"她依然照做了。"现在把它喝掉。"

太恶心了！绝对不干！谁都不愿喝掉自己的唾沫。于是我问她们，为什么和正常的吞唾沫相比，她们觉得这样做非常恶心？另一个也叫詹妮弗的女孩提出了一个非常聪明的解释。她说正常吞唾沫时，唾沫是温热的，但玻璃杯里的唾沫是凉的，所以特别恶心。于是，我建议加热一下装唾沫的玻璃杯，并问她们，这样喝唾沫是不是会变得比较容易？"呃……"这是孩子们的一致态度。这个小测试似乎足够有趣，我女儿不停地跟我谈论着。而作为奖励，我不需要在孩子们走后做大扫除。

为什么要讲这件事？因为我认为它有助于我们发自内心地理解个人的本质以及自我的微妙性质。在哪一刻，你的唾沫从温热的"我的"变成了冷的、与己无关的？也许就在它流过你嘴唇时？可能只有喜欢哲学的牙科医生才会对吐唾沫的动力学感兴趣，所以我不会在这个问题上逗留很长时间，虽然在本章后面的部分还会再次探讨它。我们首先要探讨的是，这个故事有助于理解个人计划的个人性质。现在，我们就转向这个主题。

## 个人计划：你在忙什么

在前面的章节中，已经介绍过个人计划的概念，而这里，我想更详细地讲一讲。

ME MYSELF AND US

**通俗地说，个人计划就是人们在日常生活中正在做的事情或计划去做的事情。** 1

个人计划可以是日常行为，比如“把猫放到外面”，也可以是支配一切的终身承诺；可以是一个人的追求，也可以是公共的冒险事业；可以是自动自发的，也可以是别人强加于自己的；可以非常令人愉快，也可以是痛苦之源。随着个人计划的推进，幸福感也会获得提升。本章的主要目的就是解释个人计划与幸福之间的关系。2

尽管个人计划是行动，但并非所有的行动都是个人计划。有些故意的行为并不具有个人显著性，因此没有上升到个人计划的高度。“个人显著性”指的是一种行为对个人来说是否具有突出的重要性。另外，个人计划通常不是瞬时的行为，而是一系列具有延续性的行为。同时很重要的一点是，个人计划是处于某种背景中的行为。这意味着在解释个人计划时，我们需要考虑到它所处的背景。例如，“把猫放到外面”看起来是一件无关紧要的事情，几乎是一种反射行为。但是想一想以下的背景：你患有严重的关节炎，需要乘坐轮椅行动。到你家后门需要经过 4 级陡峭的台阶，而为了把猫放到外面，你不得不离开轮椅，手扶着栏杆，扭曲着身体，小心翼翼地走下台阶，来到门外。这可不是无关紧要的事情，它是需要技巧、力量、毅力和良好幽默感的个人计划。所以说，背景很重要。

研究发现，人们通常说他们会同时追求大约 15 个个人计划。[3] 显然，尽管有所谓的多任务处理概念，人们依然无法同时开展所有的计划。因此，管理个人计划需要技巧，比如建立计划的优先级，调解计划之间的矛盾，确保不会因为它们需要我们付出越来越多的资源而产生枯竭感。

## 个人计划的内容

我的学生和我对个人计划与幸福之间的关系进行了数十年的研究。在这个过程中，追求个人计划给生活质量带来提升或给生活造成严重破坏的模式清晰地显露了出来。我提出了一种研究这些联系的方法，即个人计划分析（PPA）。

ME MYSELF AND US

**个人计划分析是一种可替代传统方式的认知人格的方式，它使我们能够探究个人计划的内容、评价、动态关系与影响。特质是对人们所拥有的人格的某些方面的探究，而个人计划分析是对人们所实践的人格的某些方面的探究。**[4]

在进行个人计划分析时，我首先会让人们列出其目前的个人计划。这些列出的个人计划被称为“计划堆”：人们只是把个人计划列出来，不去排优先级，也不对它们进行过度分析，只是列出他们目前正在做或想去做的事情。在这个过程中你会发现，列出自己的计划堆是件很有趣的事情。

那么你在忙什么？经过对这个问题多年来的探寻，我发现有些个人计划特别受欢迎。最常被列入计划堆的个人计划是“减肥”，或写得更具体，比如“减掉 10 斤”。人们轻易地便忘记了能量守恒定律，有时我不禁担心减肥计划甩掉的数万亿斤体重可能会影响地球运行的轨迹。

有趣的是，在被称为 43 件事的网站上（www.43things.com），我们可以看到相同的结果，建议你去看一看。这个网站汇总了人们正在追求的个人目标，同时还收集了有过类似经历的人们的反馈，以及认为这个目标很酷、值得追求的人们的鼓励。网站对最常被提及的目标进行了分析，其中“减肥”是当之无愧的赢家。在很多情况中，“写书”和“战胜拖延症”同样排名很靠前。这些个人计划绝不只代表了 WEIRD 者的追求。“WEIRD”这个词是由英属哥伦比亚大学三位研究者创造出来的，它指的是生活在西方工业化、民主富裕国家中，且受过教育的人。5

与最普遍的个人计划相比，有些个人计划比较独特，比如“成为更好的德鲁依教徒”，或者“在弗雷德到家前把后院的污水井填满”，这是我最喜欢的个人计划之一。而且，在这里，背景再一次为个人计划提供了意义。弗雷德是一位年迈的心脏病患者，他刚做完一个大手术，准备出院回家。他的妻子不想让他以为花园里那个 2 米深的污水井的洞是为死后的他准备的，所以要将它填满。

有时个人计划的顺序也会带给人启发。比如说，一位 30 岁的男性罗列了以下个人计划：

◎ 取得飞机驾驶执照；

◎ 买一张水床；

◎ 去科罗拉多；

◎ 去巴哈马群岛；

◎ 还清债务。

值得注意的是，其他一些个人计划可以让我们一窥当事人的人格特质，比如：“让我妹妹甩掉她那个令人厌恶的男朋友”或者“在说蠢话之前先想一想”。而通过以下个人计划，我们很容易构想出一个年轻女性的形象：“和朋友一起唱歌”“休息并享受音乐”“和我的狗玩耍”“拥抱我的朋友”以及“努力变得更悠闲”。不过，变得更悠闲？真的吗？我怀疑如果这个人再悠闲一些，她会彻底什么都不做了。

## 个人计划的表达

在谈论个人计划时，人们所采用的语言是这些计划是否有可能取得成功的重要决定因素。尼尔·钱伯斯（Neil Chambers）对人们表达个人计划时的语言特点进行了出色的分析，他发现表达个人计划的方式对其会有的结果，以及对人们的全面幸福都具有重要的影响。[6] 他令人信服地证明了，把个人计划表达为直接的行动，比如“减掉 10 斤”，比以尝试性的方式表达，比如“试着减肥”，更有可能取得成功，更有可能获得更大的幸福。

钱伯斯认为，那些具有“尝试性人格”的人通常幸福感比较低，应该鼓励他们将自己的计划重新表达为积极主动的行为。不要想自己有可能完成某个个人计划，不要只是试着做某件事，而是尽管去做吧！

## 个人计划的种类

除了表达个人计划的方式，计划针对的领域同样对人们的幸福具有重要影响。最常被列出的计划包括人际关系计划、工作或学业计划、健康计划以及娱乐计划。尽管我们所说的“个人内在计划”，比如“变得更开朗”“控制脾气”，并不是最常被列出来的，但它们特别有趣。有这些计划说明人们试图理解并改变自我。正如下面将会看到的，这类个人计划与人们的幸福有着既有趣又多少有点矛盾的关系。为了理解这一点，我们不仅需要知道人们所开展的计划的类型，还需要知道对它们的评估。

## 如何评估你的个人计划

不同人会用完全不同的方式来解释本质上相同的个人计划，因此强调计划的个人性质具有重要意义。拿非常普遍的计划“减肥”为例。对运动员来说，这可能是训练计划的一部分，为了获得最好的成绩，训练计划会包括各个强健身体肌肉的阶段，最后是减轻体重。这是一个有价值且令人愉快的追求，具有自我表达的性质，她对实现目标充满信心，并且也得到了其他运动员的有力支持。而对于健身房里她旁边的人来说，“减肥”可能是挫败、焦虑和压力的无尽来源。这可能不是她真正想追求的目标，她减肥只是迫于其他人的压力。其他人苛责她在减肥方面毫无进展，但基于以往的经验，她知道体重减轻后还会反弹。或者她只是把减肥当作她真正的个人计划的前提，而她真正的个人计划是觅得佳偶。

显然，“减肥”这个个人计划对这两位女性的幸福具有非常不同的影响。因此，在个人计划的研究中，一个很重要的研究内容就是查看人们在不同的维度上如何评价自己的个人计划。

ME MYSELF AND US

**通过对几十种不同维度的研究，我们发现，无论是什么个人计划，人们对其进行评价的基础始终是5个重要因素：计划的意义、可控性、连接、消极情绪和积极情绪。** 7

个人计划最重要的特征之一是，它们通常会为人们的生活提供意义。例如，在一个 0～10 分的量表上，平均来说，个人计划为人们提供的意义的得分是这样的。

表 9-1　　个人计划提供的意义的得分

| 个人计划提供的意义 | 意义得分 |
|---|---|
| 认为自己的个人计划符合其核心价值观 | 7.7 |
| 具有重要性 | 7.5 |
| 表达了他们的自我 | 6.8 |
| 非常有趣 | 6.2 |
| 令人愉快 | 6.1 |

当研究追求个人计划期间所体验到的情绪时，我们发现，积极情绪的得分显然比消极情绪的得分高，例如，快乐的评分为 5.9，难过的评分为 2.1。总之，追求个人计划的过程基本上是快乐的。

什么类型的个人计划最有可能被认为是积极的，比如被认为很有意义？人际关系计划和娱乐计划通常被认为是积极的，爱与休闲显然也是有益的活动。相反，学生的学业计划以及工作者的事业计划普遍被认为不太令人愉快，且比较繁重。

## 自我同一性：你的计划是“你”吗?

个人计划的意义最有趣的维度之一是自我同一性。

> ME MYSELF AND US
>
> 自我同一性指的是你在多大程度上认同自己的个人计划，认为它确实是“你”。

在对个人计划进行研究的最初几年里，我没有在个人计划分析工具中纳入这个维度。不过，有一次与一名夜校学生进行交流后，我便认为我们需要这个维度。

在用个人计划分析进行了一些初步研究后不久，我进行了第一次有关个人计划的讲座。我非常渴望告诉学生们研究个人计划的重要性。我还记得乔治·凯利曾用一句令人印象深刻的话结束了他有关个人建构理论的演讲："你就是你的个人建构。"因此那天晚上，我自以为是地用下面这句话总结了我的讲座："你就是你的个人计划。"但这时，坐在第三排的一位女士，胳膊交叉，满脸通红地大叫道："我不是我的个人计划。""哦，当然，这要视情况而定。"我总结道，多少有点尴尬。

当参加讲座的同学陆续离开讲堂时，我走向那名学生。我很了解她，她是一个优秀的学生，比大多数同学年龄大，因为结婚离开了大学，现在是几个年幼孩子的妈妈。她一边在公共服务部门工作，一边完成学业。我问她为什么那么激愤。她告诉我，除了在夜校读书，她在计划堆中罗列的计划都是别人的计划，是外界强加给她，让她觉得有责任去完成的目标，但它们并不能反映她是谁或者她可能成为谁。

那天晚上在开车回家的路上，我思考着自我认同感的力量是多么强大：因为自我认同感的不同，有些计划是令人兴奋且自然的，有些计划则是令人沮丧和疏远的。我的思想又转回到4年前我在女儿生日派对上做的吐唾沫的小实验，那个小实验是对身体"我"很有说服力的证明。具有高度自我同一性的个人计划对当事人而言，同样具有微妙而强大的影响。

回到家时，我已经非常累了，我到楼下去观看我最喜欢的体育节目，让自己放松下来。我很开心地看到咖啡桌上有一碗花生，便吃了起来，不过真的不太好吃。回楼上时，我对女儿说："那是我吃过的最没有味道的花生。"她看起来很惊骇，说："哦，爸爸，你不会真吃了那些花生吧？"我很困惑，直到她给我解释了整件事情。显然，和许多青少年一样，她正在实施某种控制体重的方法：把花生上的盐吮吸掉，再放回碗里。也就是说，我吃了一碗被她吮吸过的花生。太恶心了！

## 自我同一性与唾沫现象的关系

从那时起，我便相信自我同一性与个人计划中的唾液现象密切相关。我想象自己写了一篇名为"了不起的唾液"的项目资金申请书。幸运的是，我没有采用这个标题。这从某种程度上可以解释为什么我能够获得资金，来研究高中生的自我同一性。我在一所规模很大的高中评估每个学生个人计划的内容与评价。想象一下，对高中生来说，什么类型的个人计划会被认为最具个人意义，最能够界定自我。也就是说，什么类型的计划是令人兴奋的，是"他们"，而不是令人沮丧的，是"别人"。以下是按升序排列的得分最高的一些个人计划的类别，分数范围为 0~10：8

表 9-2　美国高中生具有自我界定性的个人计划及其得分

| 个人计划 | 得分 |
|---|---|
| 运动 | 8.2 |
| 男朋友 / 女朋友 | 8.5 |
| 性 | 8.6 |
| 精神生活 | 8.9 |
| 社群 | 9.8 |

这些结果中有一些值得关注的事情。首先，鉴于学生们非常频繁、直接地提出了有关性的个人计划，因此我们认为应该将其与只是涉及男朋友或女朋友

的计划区分开。正如预期的那样，这些计划被证明是最令人愉快的，同时也是最代表他们自己的。我发现这很有趣，因为多年来我讲授人格发展的理论，而这些理论都主张个体首先要有自我认同感，然后才能与他人亲密。而针对高中生的调查结果显示，至少从即将进入成年期的学生们的个人计划来看，同一性与亲密并非互相分离，而是共同形成的：通过发现如何与亲密的他人相处，他们形成了自己是谁的意识。

另外，当我在会议上呈现这些结果时，与会者常常对两类最具自我表达性的计划感到吃惊，这两类计划分别是精神生活计划和社群计划。需要指出的是，这些并非经常被提及的计划，只有相当少的高中生把它们列入计划堆。但是对于那些想要完成这类计划的学生来说，它们非常能够表达自我。

这些非常有意义的个人计划是否具有某种共性？一种可能的答案是，在追求这些个人计划的过程中，学生学会付出和接受，学会被他人需要，感到自己有能力与他人建立亲密关系。从这个角度看，运动类的个人计划看起来有些牵强，但大多数列出运动计划的学生都是男孩，而团队运动使他们有机会与他人形成特别亲密的连接。

如果查看自我同一性的反面，即最不具有自我界定性的个人计划，我们会发现结果相当令人不安。以下是以降序排列的得分最低的一些个人计划：

**表 9–3　美国高中生最不具有自我界定性的个人计划及其得分**

| 个人计划 | 得分 |
|---|---|
| 阅读 | 6.2 |
| 维护保养 | 6.0 |
| 学业 | 5.7 |

关于阅读，我不得不提醒读者，收集这些数据时，《哈利·波特》还未出版。如果现在做这项研究，我想阅读计划的排名会比那时候的靠前。维护保养计划主要包括诸如打扫房间，修剪草坪等事情，它们的低自我同一性可能主要是因为它们是被强加给学生的，而不是学生自发想去做的。我认为最令人沮丧的发现是有关学业计划的发现。至少对这些学生来说，学业追求在我们所研究的主要计划领域内最不具有自我表达性。最后两类计划，即维护保养和学业计划的分数说明，当你让你处于青春期的孩子“打扫房间”和“做作业”时，他们会非常反感，就好像让他们喝掉唾沫汽水一样。

## 三个维度探究个人计划的进展

假设你在开展一些对你非常有意义的计划。你认同它们，它们符合你的价值观，并能为你提供充足的乐趣，激励你满怀热情地去从事它们。但是，它们是否易于管理？仅仅是有意义的追求本身是否足以提升幸福？在个人计划分析中，我们研究了三个维度，来探索人们的个人计划组织安排的有效程度以及个人计划的进展情况。

第一个维度是自发性，问一问自己，你是否是计划的主要发起者，如果是，就会在这一维度得高分，或者像前面谈到的那位夜校学生一样，发起计划的是其他人或物，就会在这一维度得低分。

第二个维度是效能，指的是你是否认为计划会取得成功。如果得到高分，即 8~10 分，意味着你认为它们很可能成功，如果得了低分，即低于 5 分，则意味着你认为它们几乎不可能成功。

第三个维度是可控性，正如第 5 章讲到的，控制是一个关键的心理变量，与成功具有重要的关系。在前面的章节中，我们把可控性看作一个相对稳定的特质，在这里它则代表了你所开展的计划的特点。这三个评价维度就像意义维度一样，在 0～10 分的量表上，人们的得分都倾向于积极的方向。

ME MYSELF AND US

**大多数人是自己发起了个人计划，在自发性维度上平均得分为 7.1 分；大多数人认为其个人计划有可能成功，在效能维度上平均得分为 7.2 分；大多数人认为其个人计划处于自己的控制之中，在可控性维度上平均得分为 7.3 分。**

我和我的一名研究生肖贝玲（Beiling Xiao，音译）对中国大学生的个人计划进行了跨文化研究，我们发现，他们在自发性维度上表现出了非常有趣的结果。我们将他们个人计划的内容与评价和相应的北美学生的进行了比较。一开始，我们猜测，北美学生比生活在集体文化中的学生具有更高的自发感。当第一批结果被翻译出来时，我们非常兴奋。其中一个计划吸引了我们的注意力，它的内容很简单，就是“弥补我的罪过”。我们对此反复进行探究。它的遣词用句看起来有点奇怪，所以我决定查看一下数据的记录和翻译内容。幸亏这样做了。事实上，因为手写得不够清楚，我们把内容看错了，这个计划其实是“修补我的被子[①]”。真是差之毫厘，谬以千里啊！不过我们还注意到，这个计划在自发性方面的得分很低，这有点令人不解。后来我们发现，其他计划在自发方面的得分也普遍远低于其他组学生的得分。

我们对数据进行了统计分析，结果证实了我们的怀疑：中国学生自己发起

① “罪过”的英文是“guilt”，和“被子”的英文“quilt”只差一个字母。——译者注

个人计划的可能性远比西方国家的学生小。通过一系列探究，我们发现这可能是因为团队干部对团队成员的个人计划产生了巨大影响。这说明了个人计划中的一个重要方面：个人计划不仅反映出人们的基本需求和人格，同时它们的内容和评价也反映出了人们所生活的环境与文化背景。

评估效能的方式是让被调查者评价他们个人计划的进展程度以及成功的可能性。我们发现，这个维度始终是对幸福的最佳预测因素，这个结果适用于各个年龄段的各种样本。[9]这个结果与有关认知行为疗法的文献所述的是一致的，这些文献显示，根据效能可以很好地预测人们应对各种问题的能力。

你还记得前文中提出的，拥有有意义的个人计划是否足以提升幸福感的问题吗？答案是“否”，有点吃惊吧？事实上，拥有有意义的追求确实能够提升幸福感，但作用不太大。[10]现在我们来问一个类似的问题：拥有可控的、有效能的个人计划是否足以提升幸福感？看一看你罗列的个人计划，问一问它们是否非常有意义，以及它们是否有可能实现。研究显示，有可能实现比有意义更能提升人们的幸福感。

我们曾经认为，个人计划的意义与可控性之间存在取舍关系，也就是说最有意义的计划可能最难管理。毕竟，如果认为“倒垃圾”“拿信件”“买牙膏”这样的计划，比“个人成长”“改变西方式思维”更有益于幸福，这显然有违我们的直觉。那么这个问题的答案究竟是怎样的呢？我认为最好的答案是：当一个计划既有意义，又有效能时，人们的幸福感便会得到提升。换句话说，仅仅有效能是不够的。[11]

可控性维度非常类似于效能，两者都涉及人们觉得自己在多大程度上能够影响生活中的事件。第5章中说到，拥有控制力的感觉是决定幸福的重要因素，但在当时的探讨中，我们把控制看作一个类似于特质的普遍性格。而现在，我们关心的是人们对当下的计划和预期的计划所具有的控制感。有些个人计划几乎肯定是可控的，尤其是“喂猫”这类计划，虽然猫咪的过分挑剔和凶残有时会给人制造一些挑战。而诸如“帮助爸爸理解他身上发生了什么事”或“推动抵抗运动”这类计划，即使你充满了爱与决心，也几乎是不可能完全可控的。正如在前文中看到的，生活中的诸多变迁会合谋夺取人们的控制权，改变人们的生活。当有控制感的幻觉破灭后，人们的身体和心理都会受到严重的伤害。

这也适用于个人计划。在理论工作中，我们会以下面这种正式的方式来表述控制感：控制感是一种适应，它的适应程度取决于解读生态系统的资源与限制的准确程度。这又回到了之前讨论的问题，也就是在开始新的追求之前，要确保你的按钮已经安装好了。至少你应该估量一下在某些计划上可获得的资源，包括其他人的帮助。同样重要的是，你也应该估量一下在追求个人计划的过程中可能遇到的障碍。有时你很难知道这些促进因素和限制条件会在什么时候以及会如何发挥作用。在 43 件事网站上，人们把自己的目标和渴望列出来。网站最有价值的特点之一是其他人给予的反馈，这类反馈具有相当大的价值，因为大多数人显然难以预料未来他们对这些事件的感受，而这些反馈则给他们提供了参考。丹尼尔·吉尔伯特提供了大量很有说服力的证据，证明大多数人都无法很好地预测他们未来的幸福。所以，当人们在考虑未来的选择时，已经做出过同样选择的其他人的经历便具有很好的指引作用。[12]

## 个人计划与他人的关系

个人计划有意义并且可控制很重要，但如果其他人认为你的追求毫无价值，不合适，很怪异或者很邪恶，该怎么办？在追求个人计划的过程中，支持感有多重要？或者更宽泛地来说，人们的个人计划与其他人有怎样的联系？[13]

如果伴侣重视你的个人计划，那这会有益于你们的关系；反之，如果伴侣表示对你的个人计划不感兴趣或很不屑，则显然会令人沮丧。黄安妮（Anne Hwang）在她的哈佛毕业论文中说，预测年轻人对亲密关系满意度的最佳因素是他们在多大程度上分享彼此的个人计划。[14]

为了让自己的个人计划与他人有关，你需要让他人了解你的计划，比如让他们听到或看到。有些人公开表明自己的个人计划，有些人则把它们藏在心里。正如前文已经探讨过的，在是否公开个人计划上，男性和女性之间存在着差异。对于让人感到压力很大的计划，将计划及计划相应的挑战公布出来会使女性从中获益，而对男性有益的做法则是秘而不宣。这可能与两性在应对压力的方式上存在差异有关。在面对充满压力的情境时，男性通常会奋起战斗或逃跑，而女性则更倾向于为了应对挑战而与他人结盟。[15]

当询问身处高层管理职位的男性和女性，公司中的什么因素最有益于他们的幸福时，我们发现了类似的结果。[16]对女性来说，最重要的因素是公司在多大程度上支持她们的计划。对男性来说，最重要的因素是公司在多大程度上允许他们从事自己的计划而不加阻挠，也就是说，公司中没有阻挡他们从事个人计划的障碍。对他们来说，能够给予他们最好支持的人就是知道该在什么时候清除障碍的人。

社会联系与效能感不同，效能感和幸福之间有着直接而明显的关系，但社会联系发挥的作用比较微妙而具体。有两项研究很好地说明了这个特点。在一项研究中，我们对一些女性从孕早期追踪研究到分娩。我们将怀孕视为一个个人计划，并让孕妇对这个计划的各个维度进行评分，然后将它们与主观、客观的分娩成功程度进行关联研究。[17]结果发现，能够最准确地预测出主客观方面成功结果的维度是伴侣的情感支持。克雷格·道登（Craig Dowden）也呈现了一些很有说服力的数据，这些数据与企业家有关。他探究了能够最好地预测出主观幸福感和财务成功的个人计划维度。[18]结果发现，最好的预测因素也是伴侣的情感支持。总之，当企业家把某个工程说成“他们的宝贝”时，妇产科的研究结果便可以适用于这里。

## 个人计划中的情感体验

总结一下，到目前为止我们对个人计划与幸福有了哪些了解。如果你的个人计划是有意义的、可控的，而且与他人存在着有效的联系，那么你的幸福感便会得到提升。如果你的个人计划具有这些有利的特点，但仍旧毫无乐趣，总是带给你压力，又会怎样？照顾患有老年痴呆症的父母便是一个很常见的例子，它会让全家人都不堪重负。如果你的个人计划既有上述有利特点，又有积极的情感，又会怎样呢？从事让你感到快乐、充满活力的个人计划会显著改善你的生活质量。

ME MYSELF AND US

**如果你的个人计划是有意义的、可控的，与他人存在有效联系，而且具有积极的情感，那么，你的生活质量就会得到显著改善，幸福感也会得到提升。**

首先，思考一下追求个人计划的消极方面。我们知道，幸福与从事个人计划时没有压力和消极情绪具有密切的关系；效能是对幸福最强有力的积极预测因素，压力是最强有力的消极预测因素，而且它们具有相同的重要性。我们用相关的因素来做个比较：了解个人计划是否给人带来压力比知道这个人的社会经济地位、种族、性别和其他重要的人口统计学因素都更能准确地预测出幸福感的差异。如果探究幸福生活的对立面，即人们表达出很多消极情感，尤其是抑郁的情感，我们便会发现结果反了过来：抑郁者从事的工程充满压力，而且低效能。

在不同文化中，个人计划的情感生活是否具有不同的表达形式？这方面还有许多尚未研究的内容，不过，我们在一项研究中比较了加拿大人和葡萄牙人在日常个人计划中的情感体验。我对这种比较特别感兴趣，因为我儿子的妻子就是一位葡萄牙人。他说了一些这两种文化在情感表达上的差异，而这激发了我们的兴趣。我对葡萄牙的音乐法多以及与它相关的情感 saudade[①] 尤其感兴趣，据说这是最难被翻译成英文的一个情感词汇。我知道 saudade 表示某种怀旧的想念，而当一位来自葡萄牙科英布拉的同事请我和妻子在一家地下餐馆欣赏了一晚上法多音乐后，我的兴趣便愈发强烈了。我认为应该去了解一下当地人如何解释 saudade，也想获得一些它在日常生活中的应用范例。

接下来的一周，我去了葡萄牙波尔图的一家书店，开始和那里英语书部分一位看起来像个研究生的年轻店员聊天。我告诉他我对研究人类情感很感兴趣，问他是否能给我解释一下 saudade。他英语非常好，也非常热情，只略想了想就对我说："设想你的妻子去了很远很远的地方，离开了很长很长时间，你会有什么感觉？"与此同时，他来来回回地扫视着我和我的妻子。我当然知道会

① 加里西亚语和葡萄牙语中共有的一个词，描述一个人的怀旧、乡愁情绪并且表达对已经失去并喜爱的某事或某人的渴望。它经常带有一种宿命论者的口吻和被压抑了的感情，事实可能是渴望的事物可能永远不会真正归来。——译者注

有怎样的感受，但我内心的小淘气有时会悄悄溜出来，所以我重复着他的问题并说："我会有什么感觉？当然是如释重负啊！"幸好妻子知道我爱她。在我反复向那位店员保证，如果妻子和我分开，我会很难过，很焦虑，充满 saudade 之后，他才离开了我们。

在那次交谈之后不久，我那位来自科英布拉的同事马加里达·佩德罗萨·德利马（Margarida Pedrosa De Lima）和伊莎贝尔·阿尔布开克（Isabel Albuquerque）开始和我一起收集数据，探究人们在日常个人计划中积极的和消极的情感体验。通过比较加拿大人与葡萄牙人对日常个人计划的评价，我们发现，葡萄牙人在个人计划中体验到更多的积极情感。对诸如希望和快乐这样的情感，以及在日常计划中体验到的爱，他们给予了明显更高的评价。但是他们对抑郁的评分也明显更高。另外，对于个人计划中矛盾的情感，他们也给予了明显更高的分数。在我看来，这种爱、抑郁和矛盾情感的混合似乎就是 saudade 的本质，这说明葡萄牙文化可能具有更宽广的情感态度，而且不只限于爱情方面的追求。

假设你的个人计划是有意义、可控的，与他人具有联系，且相对于消极情感，积极情感的比率更高。研究中的大量证据都说明，如果你的生活中充满了这类计划，你很可能是幸福的，对你来说生活很美好。如果情况相反会怎样？如果你的个人计划没有意义，很混乱，得不到他人的支持与认可，而且经常令你感到痛苦，你会怎样？之后你又会如何？

与本书前面章节所探讨的相对稳定的人格特质、限制性的环境等不同，个人计划更容易控制，人们能改变它们。人格特质是人们所具有的某种倾向，而个人计划是人们所做的事情；环境围绕在人们周围，而个人计划将人们拉向新的可能性，比如更美好、更幸福的生活。

最后一章，我们将探讨如何取得这样的结果。首先，这需要你理解核心计划的本质，以及可持续地追求这类计划为什么对你的幸福非常重要。其次，这意味着你要改变个人计划，可能要离开温暖而舒适的旧传统，从事一开始会令你感到相当不舒服的事情，即使这些事情是你自己发起的。再次，这还意味着你要客观地检视自己最深层的渴望，适当地修改它们，并将它们重新纳入你的核心自我中。最后，这意味着在做出改变的过程中你要克服困难，暴露自己的脆弱性。这需要勇气，也是令人敬佩的举动。

# 幸福的艺术：追求是永恒的动力

ME MYSELF AND US

**当你的一项个人计划逐渐丧失活力时，你认为可以怎样做?**

A. 自我反思，如果效果不好，则放弃这个计划；

B. 换一种全新的视角来看待这个计划；

C. 用比喻的方式来重新界定个人计划；

D. 改变个人建构，改变自我；

E. 找寻属于自己的秘密基地，恢复元气。

扫码做题，获取答案及解析。

> 自我实现的人比普通人有更多的自由意志。
>
> ——亚伯拉罕·马斯洛
>
> 我不把自己从事的心理学职业看作一种“呼唤”。如果我们选择倾听，我们周围的一切都在“呼唤”。那就是我让自己投入其中并始终追求的东西。
>
> ——乔治·凯利

在我的学术生涯中，我正介于最高级别的教授与衰老初期之间，我称之为“老年多言期”。症状之一是抑制不住地想讲故事，有时故事很有必要，比如为了阐明某个观点或为了在演讲时保持清醒。你或许猜到了，我要讲一个有关讲故事的故事。不过我保证，这个故事与本章的内容密切相关。

我曾是卡尔顿大学教育发展中心的专家组成员。在那里，我们曾探讨过做教授的乐趣和风险。在问答环节，一位年轻的化学教授问了我们一个很简单的问题：“关于最后一节课，你们有什么想法？”啊，最后一节课！我迫不及待地要回答这个问题。我告诉他，据我所知密歇根大学有一个惯例，在给杰出教师授予金苹果奖时突出最后一节课的重要性。获奖者需要准备并上一堂“理想的最后一课”。公元 2 世纪，犹太圣人埃利泽·本·胡卡诺斯（Eliezer ben

Hurkanos）曾告诫他的学生："在死之前，要让生活的每一天都保持良好的状态。"密歇根大学关于最后一课的惯例似乎是受到了这句话的启发。大多数人不知道自己会在哪天离开这个世界，因此我们需要把每一天都过好。金苹果奖采纳了这一理念，赞美那些始终把每一堂课当最后一堂课来讲，不仅传授知识，还激励学生们投入地生活的教授。1

当我讲完这个故事时，我发现那位化学教授一脸困惑。我猜这可能是因为我完全没明白他的意思。确实如此。"布赖恩，我只是在问每学期的最后一节课，而不是人生中的最后一节课！你会带学生复习吗？会给他们分析考试情况吗？会告诉他们到哪儿去取他们的实验报告吗？我指的是这类事情。"我刚才瞎侃了一通做教授的诗情画意，而他问的却是人间烟火。

然而，在最后这个总结性的章节中，我认为无论是诗情画意，还是人间烟火，都应该有其一席之地。因此，接下来的内容将会是抒情诗、祈祷与柴米油盐的混合。我将回顾前面章节探讨过的重要概念，提出一些将这些概念联系在一起的新主题。其中，我要特别强调一个主题，即对核心计划的可持续追求如何提升了人们的幸福感。检视可持续的追求有助于反思我们曾经的生活方式，认识到可能的自我与个人未来的可行性。

在准备结束本书时，我想暂停下来和你说点儿知心话，说一说整本书所探讨内容的更深层意义。我希望你能把这段简短的总结性对话看作针对你的。

## 对核心计划的可持续追求

在第 9 章我们谈到了个人计划的内容，以及对个人计划的进展与成功的评估在决定生活质量上的重要性。现在我想把这一点表述得更明确一些：对核心计划的可持续性追求会影响人们的生活质量，包括人们的健康、快乐以及广义的幸福和成功。

我们先从核心计划的概念开始探讨，然后检视影响个人计划的成功性和可持续性的各种因素。

ME MYSELF AND US

**核心计划指的是，在一个人的个人计划系统中，那些具有定义自我的作用，能为人提供深切的意义感的计划。**

如何判断哪些个人计划是真正的核心计划呢？有以下几种方法。第一种方法是，你可以找出对你最有意义的计划，这一点可以依据它们的重要性，它们与你价值观的一致性，它们是否表达了你的自我这几个方面来判断。那些在这几个方面都具有意义的计划便可以被视为核心计划。

第二种方法是，判断你的每个计划与其他正在推进的计划存在怎样的联系。也就是说，把你的个人计划系统看成一个整体。在这个系统中，有些计划与其他计划密切相关。如果把它们做好了，便等于把其他计划也做好了。如果你在这些计划上遇到了困难，那么系统中其他计划的成功便也有风险。核心计划的一点微小改变，都会给其他所有计划带来重大变化，可谓牵一发而动全身。

设想有两个人，他们都有“写书”的个人计划。在43件事网站上，这是最常被列出的目标之一。对其中一个人来说，写书是相当次要的计划。她认为这对她的其他计划没有什么重要的影响，既没有积极影响，也没有消极影响。那只是她决定去做的一件事而已，而且只是因为它看起来很合适，且值得去做。

把书写完当然很酷，但它并不具有定义自我的作用，也没有表达出她最深层的价值观——她更关心健康问题和孩子的幸福，而不是在书中表达自我。

然而对另一个人来说，写书与她追求的其他计划密切相关。在她看来，写书将会给她带来金钱与声望，增加结识重要人物的机会。对于向婆婆证明自己的价值，证明自己不是婆婆了不起的儿子的拖累，这本书也会很有帮助。更重要的是，其他事情不能像写书那样让她专心致志，感到充实。对她来说，写书是她这个人生阶段的个人特征。

从表面上看，这两位女性有相同的“写书”计划，但实际上，这对两人来说是非常不同的：一个是次要的，可选择的；另一个是核心的，非常重要。

核心计划的中心性使它们不可能被放弃，即使有很好的理由这样做。放弃核心计划会导致生活中其他计划与承诺的重大改变。放弃核心计划的阻力也意味着你不会轻易被其他竞争性的计划或机会动摇。不过，阻力也会产生负面影响，尤其是当追求核心计划的动力与可行性已经不复存在，只剩下坚定的决心时。在这种情况下，计划变得不可持续，你的生活质量也会受到损害。[2]

让我们继续深入探究，如何能促进对核心计划的可持续追求。从前面的章节中我们可以提取出三个新的主题，它们既总结了我们的过去，又为我们思考未来以及获得成功的能力提供了有利的观察点。这三个主题就是可持续追求个人计划的重要策略，即适应性重新解释、自我改变和背景监控。

## 适应性重新解释

在前两章中，我们探讨了以复杂的、有适应力的方式来解释世界的益处。正如在第 1 章中所说的，当新结识一个人时，我们应该避免仅凭第一印象来评判他人，而应该用更复杂的视角来看待他人的行为。尽管在无关紧要的短期交往中使用第一印象是不错的选择，但在评价未来恋人或潜在商业伙伴时，第一印象便可能对人产生严重的误导。总之，灵活而有适应性的解释能够给予人们更大程度的自由，让人们能在此基础上做出行为，融入周围环境。之后，我们了解了富有创造力的人的开放性是如何促进他们复杂的思维的，包括同时持有关于某个事物相互矛盾的观点的能力。现在，让我们来探究一下灵活复杂且具有适应力的解释方式是如何有助于人们坚持核心计划的。

## 以全新的视角界定个人计划

当开始投入于一些有意义的新计划时，人们往往会很乐观，充满了效能感。但一段时间后，这些计划，甚至核心计划也会失去光彩，变得越来越无条理，似乎与不断改变的生活情境失去了联系。如果就这样逐渐丧失元气，它们便不可能成为可持续的追求，人们的生活质量也会受到损害。但是，有没有可能通过重新解释或重新界定来让它们获得新生呢？下面有两个例子，说明了重新界定个人计划带来的积极结果。

第一个例子是关于两位杰出的组织心理学家的个人反思，他们是卡尔·魏克（Karl Weick）和简·达顿（Jane Dutton），两人都就职于密歇根大学罗斯商学院，也是朋友。[3] 在一本书中，卡尔·魏克和简·达顿各自写了几章关于恢复职业生活的方法，他们坦率而动人地描述了自己的方法并进行了对比。简谈到了园艺，那是她的爱好。她认为园艺是职业计划的一个很好的比喻，可以用来描述如何恢复职业计划。通过电子邮件，卡尔告诉简他的恢复方法非常不一样。卡尔赞同园艺确实是计划恢复的一个很好的比喻，让他特别感兴趣的是，简需要给她的花园，也就是给她的计划除草，这样她的核心计划才能开花结果。

而卡尔看待这个问题的方式多少有些不同:“你在这些事情上花费的时间比如6年,比我长。你想的是生活的恢复,而我想的是重新开始的时刻,重新开始时刻会更经常地发生。”卡尔还提出了另一个不同:“为了维持大型计划,你需要除草。而我为了接纳更多的计划,需要缩小计划的规模。”最后他说,两人花园中的内容不同:“你的花园里都是人,我的花园里都是书。你的人际关系是面对面的,而我的人际关系是替代性的。”

这些差异与他们在计划整体取向上的差异有关。有一次他们俩都要为某个会议提交论文,卡尔描述彼此的特点,这种差异便清楚地显现了出来。简戴着粉红色的新眼镜,而卡尔戴着老花镜。简的眼镜使她看到的听众都带着爱的颜色,而卡尔的眼镜使他眼里的听众都模模糊糊的,不过也使他更清楚地看到正在读的论文的文字。可以说简透过玫瑰色充满爱的视角看世界,而卡尔透过聚焦而冷静的视角看世界。在思考两人看待世界方式上的差异时,卡尔肯定地说这两种视角都有价值。

第二个例子是关于波士顿旅店中服务员的行为,这是哈佛大学的艾丽娅·克拉姆(Alia Crum)和埃伦·兰格在一个研究中提出的。[4]在波士顿旅店,客房服务员通常每天打扫15个房间,每个房间需要花费20~30分钟。这是一项辛苦而单调的工作,许多客房服务员抱怨他们没有时间锻炼身体,还有许多客房服务员很快就产生了倦怠感。克拉姆和兰格想探究的是,如果让客房服务员知道他们每天的例行工作具有潜在的健康益处,会发生什么情况?这种认识是否具有安慰剂效应,能够在生理上被探查到?

客房服务员被随机分为两组。研究者告诉其中一组客房服务员,打扫房间是一种有益于健康的锻炼,符合美国公共卫生局倡导的积极活跃的生活方式。另一组被试则没有获得这样的信息。研究者发现,在实施干预的四周后,重新界定日常清扫工作的客房服务员体重减轻了，血压、身体脂肪含量、腰臀比以及体格指数[1]都有所降低。总之，重新界定个人计划，即采用新视角来解释你正在做的事情，会对健康产生积极影响。

## 以比喻重新界定个人计划

我们还可以使用比喻来重新界定个人计划。我曾利用比喻的方法，帮助经理人和其他职业群体创造性地重新界定了他们陷入困境或功能不良的个人计划。我的方法就是从个人或团体的专业领域中引出各种各样的联系，然后将它们运用到需要补救的个人计划中。具体来说就是，我让人们创立两个清单。一个清单包含陷入困境的个人计划的要素，另一个清单包含拿来做比喻的领域中的要素。完成这两个清单后，我们便能看到比喻能如何为失去了相关性、问题多多的个人计划提供点子了。5

在对高级军官使用这种方法时，一位参与者普丁上校，发现他陷入困境的个人计划是“解决下级军官缺乏士气的问题”，他对此列出的说明性要素包括“懒惰”“缺乏对计划的执行力”和“与其他军官有摩擦”。在思考了其他军官提出的其他领域后，比如编织、做泰国菜、飞蝇钓和诱惑术，普丁上校选择以冰球作为用来做比喻的领域，毕竟他是加拿大人，并列出了一些关键要素：球门、越位、助攻和罚任意球。

接下来的步骤是筛选这两个清单，找出两者之间可能的联系。正如预期的那样，有些联系提供不了什么对个人计划的领悟，比喻并不总能行之有效地提供行为指引。不过，普丁上校很快就意识到有些联系是值得探究的。他认为他的下级军官缺乏士气可能是因为当他们高效地完成某些事情时，没有得到充

① 反映人体营养健康状况的综合指标。——编者注

分积极的反馈。主要的反馈是年度评估，这就像等到赛季末，冰球队的得分情况被公布出来时再做出反馈，如参议员队417分、游骑兵队287分、枫叶队38分，而没有红灯和记分牌回放这样直接立即的激励。他还想到，他手下的军官很少因为团队精神而得到称赞，久而久之他们的士气就会变得低落。他将“与其他军官有摩擦”和冰球中助攻的概念联系起来。助攻是球员得分的一部分，在整个得分统计中具有重要的作用。帮助其他球员得分而得不到任何荣誉，显然非常令人失望。

普丁上校利用这些想法重新界定了他的“士气计划”，他知道他应该为军官们实现目标提供更频繁的反馈，应该让每个军官在年度评估时指出有谁协助他们完成了工作。虽然说富有创意的比喻分析会成为普丁上校的例行工作是一种夸大，但他确实做出了这两个改变，并取得了积极的结果。更鼓舞人心的是，他发现可以把相同的比喻运用到另一个核心计划上：改善他与儿子的关系。他儿子正经历着生活中棘手的阶段，同时还在攒钱上大学。经常对儿子的成功做出反馈，承认儿子对家庭的价值，也使儿子获益许多。我不知道那个计划后来进展得怎么样，但令我触动的是，这个与工作有关的简单练习可能会对父子关系产生积极的影响。

## 自我改变：尝试新的自我

让核心计划具有可持续性的另一种方法是改变那些我们用来评估个人计划的个人建构。在第1章中，我们探讨了个人建构如何为人们预测未来事件提供了框架，以及如何造成了有可能禁锢人们的牢笼。下面，我们就来看看，如何通过个人建构的改变来推进个人计划的可持续性。

## 固定角色疗法

基于乔治·凯利的个人建构理论，产生了一种富有创意的疗法，即固定角色疗法（FRT）。6

设想你的妻子怂恿你在当地社区剧院的剧目《厄普顿修道院》中扮演男管家的角色。导演是"方法演技"的热心倡导者，要求你完全融入角色。于是，你学着温柔地讲话，关注细节，为人礼貌而谨慎；学着尽可能地热心周到，敏锐感知他人的需要，并波澜不惊地把事情做到完美。后来，你意识到这个角色开始对你真实的生活产生影响。新的男管家式的你和过去猛打猛冲的你形成了鲜明的对比。因为扮演这个角色，你观察到一些以前不曾注意的事，还发现其他人对你的态度也改变了：他们似乎更多地倾听你，对你更加敞开心扉，倾向于询问你对事情的看法，而不只是聊美国大学生篮球联赛和人工酿造的啤酒。当演出结束，不必再扮演男管家的角色时，你发现至少有一段时间你不能完全确定是否想回归原来的自己。7

在固定角色疗法中也会发生相同的过程。一开始，来访者要写出一到两页的自我特征描述，就是第 5 章中介绍的那种。个人素描本质上回答了"你认为你是谁"的问题。在此基础上，治疗师写出虚构人物的概况，他就是来访者在未来两周中要扮演的角色。从某种意义上说，这个剧本是关于"你可能成为谁"的一个提议。治疗师会很细心地设计剧本，以使它所引发的个人建构正好与来访者通常的个人建构"成直角"。也就是说，治疗师把来访者拉向新的方向，而不是反复纠缠于已经不适用的个人建构。然后，来访者与治疗师会核查在角色扮演期间会遇到的情境和日常事务，排练扮演与应对的方式，直到来访者做好独立扮演角色的准备。

通过角色扮演，来访者可以学会以不同的视角来看世界。固定角色疗法的目的不是永久地改变来访者的人格，恰恰相反，它的目的在于让来访者明白，他们有能力尝试新的自我，从已有的生活道路中摆脱出来。

例如，一个人的自我描述被“白痴 / 天才”这样的个人建构主导，他将这个建构运用到自己和他人身上，而且是以全有或全无的方式运用这个建构。这样的个人建构限制了他追求个人计划的自由程度。他认为自己永远是个白痴，看不到任何成为天才的机会，只有极少数的人被他归入了天才之列，包括他在公司做律师的妈妈、超级书呆子气的弟弟和斯蒂芬·霍金。当然，这意味着几乎所有与他交往的人都是白痴，他的交往方式透露出了他的这种态度。对他来说，恰当的剧本应该是鼓励他从“有技能的 / 缺乏技能的”的角度来解释他自己和他人。这种区分更细致的个人建构能够形成更多的可能性：他和其他人可以拥有某些领域的技能，而缺乏其他领域的技能。而且，与天才不同，技能是可以习得的。所以通过调用这个更切实可行的个人建构，他会注意到自己及他人在做出改变和获得发展上的道路。8

## 自个人内在发起自我计划

在第 2 和第 3 章中，我们探讨了相对稳定的和自由的人格特质对幸福的重要影响。现在，让我们看一看它们与核心计划的可持续追求有什么关系。

首先，当人格特质与个人计划相匹配时，人们对计划的追求会更加积极。例如，尽责的人倾向于在各种领域中追求有意义、有效能的个人计划，包括学术、健康和社交等领域；而神经质的人在这些领域中则会遇到问题。外向者表现出更专门化的风格，在与人际关系有关的计划上，比如和朋友出去消遣或参加令人兴奋的娱乐活动，外向者会特别开心、特别有效率，但在学术计划上就不那么容易了。

当人们所追求的个人计划与其自我描述中的主题相一致时，他们的幸福感最强烈。例如，喜欢社交的人在追求人际关系计划时最快乐，而且他们的自我描述中也会包括与他人交往的主题。[9]因此，了解自己稳定的人格特质究竟是什么，不仅这件事本身具有重要性，而且也有助于你认识到追求什么个人计划最有可能获得成功，而且最持久。

其次，想要理解生命的过程，你不仅需要了解自己相对稳定的人格特质，还要了解自由的人格特质。前文讨论过追求核心计划，有时需要人们做出不符合自己性格的行为。比如，在履行职业责任时，神经质的人会表现出稳定的情绪；在学生面前，内向的老师会表现为伪外向者；为了报复社会的不公，和蔼可亲的团体组织者会故意变得脾气恶劣，甚至令人生畏。通过自由特质做出不符合自己性格的行为，会使核心计划取得成果的可能性增大。自由特质能促使人们拓展并成长。例如，有研究显示，让内向者做出外向的行为能在事实上增加他们的积极情绪和幸福感。这个有趣的例子说明了做出不符合自己性格的行为的益处。[10]不过，我认为长期采取这类行为是有害的。

长时间做出不符合自己性格的行为可能也无法持久。那么，怎么做才能减少这种行为方式的代价呢？在前文中我们谈过寻找有助于复原的小生境的价值，在小生境中，人们可以重新获得第一天性，放纵生物源的自我。但如果做出不符合自己性格的行为不是偶尔的情况，不是对情境需求的短时间适应，那会怎样？当人们决定改变自己的人格特质时会发生什么？当人们的个人计划涉及改变自我，比如努力让自己“不那么固执己见”“变得更外向”，或“不再做不受欢迎的人”时，会发生什么？

这些个人内在的计划，或者说得更简单些，这些自我计划，对人们的生活质量具有重要的和看似矛盾的影响。在芬兰和北美实施的一项独立研究显示，相对于从事其他计划的人，从事自我计划的人更有可能体验到抑郁情绪。[11]为什么关注“改善”自我的人反而会抑郁？原因之一是这类计划会成为人们反复琢磨的心事，原因之二是这类自我计划通常被认为具有较低的效能，人们会怀疑这类计划无法取得成功。而由于相信个人计划能够取得成功的信念是幸福的一个重要方面，人们又会忍不住怂恿自己和他人“别跟自己过不去”，把精力放在更有希望的计划上。但是你要小心这样的劝告，因为自我计划与创造力之间还存在着有趣的关系。富有创造力的人更有可能认同他们的自我计划，把它们看作探索性的冒险，而不是令人抑郁的负担。[12]

为什么有些人苦苦地与自我抗争，有些人却觉得对自我的探索令人充满活力呢？这可能涉及自我计划的起源。假设有两个人，她们都有“变得更外向开朗”的个人计划。对其中一个人来说，计划来源于外部：她在销售部门工作，老板坚持认为她有必要做出这样的改变，因为销售额下滑了，而在与客户会面时，她很少表现得生气勃勃，充满活力。她“好像不存在”，老板严厉地说她。所以，她要么找一份符合她内敛性格的工作，要么做出改变。再来看一看另一个同样想“变得更外向开朗”的人。她的计划源自她自己的反思。她发现许多对她来说很重要的事情都需要克服一开始与人交往时的犹豫，需要变得更外向开朗。她做了一些小实验，看看自己能不能做到，结果她做到了。她发现改变自己的过程相当有趣，感觉好极了，所以现在她把这种改变当作自己的核心计划，这是她的选择。

在第一种情况中，选择是外界强加的，隐含着“要不然……”的选择。在第二种情况中，选择源自个人的内在，它是一种由内而生的自我表达。我们完全有理由相信由内而生的计划会比外界强加的计划进展得更顺利，关于这一点，可以用自我决定理论来进行解释，这是有关人格与动机非常有影响的一个理论，对自主管理的内在目标与外界调控的目标进行了比较。[13]相对于外在的、支配性的计划，自我生成的内在计划会更持久，而且能为身心健康提供更大的益处。至于个人计划既与抑郁情绪有关，又与创造力有关的矛盾结果，这说明个人计划的起源至关重要。当对自我的改变或挑战是人自发的，而非外界强加的，它们便会更有意义、更可控，也更具有可持续性。

## 背景监控：找到专属自己的小生境

关于如何使核心计划具有可持续性，已经讲了两种方法，分别是重新界定或创造性地重新解释个人计划，以及发起能够促进幸福的自我改变计划。从本质上看，它们都是专门针对你自己的。但若只专注于自己，而忽视你所处的环境，也会过于受限制。因此，下面我们就将注意力集中在环境背景上，也就是你追求核心计划的情境、环境、城市和社会生态。

我们研究了控制感或能动感在生活中的微妙作用，以及它们如何有利于人们的身心健康。控制感通常具有积极作用，但只有当基于对真实环境中意外事件的准确解读时，它才是具有适应性的。那些按钮真的被安装上了吗？那些抱负是否只是基于幻觉？总之，你是否对背景进行了严格的审视？

或许你有一个离开家上大学的孩子，你的一个核心计划就是为他提供建议，提供许多爱与支持，当然也要提供许多钱。为了维持这个核心计划，你需要仔细审视相应的生态系统。现在已经接近 12 月底，和 9 月份离家时相比，你的孩子是否有改变？他是不是看起来不一样了，或者真的不一样了？他是不是交了新朋友？他交的朋友是益友还是损友？即使经济形势正在好转，而且他开始爱上了中世纪历史，但你仍坚持认为他应该上与职业相关的课程吗？

如果不去审视最新的情况，最初符合你愿望的个人计划便有可能无法持续，因为社会生态已经改变了。总之，对环境背景准确的审视能够增加从事个人计划的活力与可行性。

背景不仅会对个人计划产生抑制作用，还能为重要的个人计划赋予力量。我们可以看到，有些情境产生了剧本，通过这些剧本你设定了自己的目标与愿望。一些高自我监控的人对与情境保持融洽是非常敏感的。我们还发现，吸引人们的城市和地区的类型会在更大规模上发挥相同的功能。在这里，我们再次看到个人如何积极主动地寻求人格、核心计划与环境的良好匹配。

小生境的概念对于理解人、工程与环境的关系非常有帮助。最开始提到小生境这个概念时，我们探讨的是当人们做出与自己性格不符的行为时，他们需要从小生境中获得安慰。在小生境中，他们能找回自己的生物源天性，因为小生境具有恢复元气的作用。但这种小生境只是通用型小生境的一种特殊适应形式。人们可以把通用型小生境称为同一性小生境（identity niche），在这样的小生境中，人们的兴趣、特质、抱负和环境能够达到最佳的匹配状态。寻求刺激的外向者选择搬到令人兴奋的大都市，或者焦虑的内向者在图书馆里发现一个隔音而安全的地方，这些都是寻找小生境的行为。

不过，生态学家在运用小生境这个词时还涉及另外一个特点，与我们探讨的内容有很大相关性，那就是小生境具有竞争性。一般来说，某个物种的成员占据着小生境，并且会抵抗其他物种的占领，不过同一物种之间通常也会存在竞争。这种动态关系同样也发生在人类家庭中。比如说，或许你曾疑惑你们兄弟姐妹之间怎么会那么不一样，甚至有时会有一闪而过的坏念头，觉得你和你妹妹的爸爸不是同一个人，尽管父母早就告诉过你，你和你妹妹是一母所生，还给你看了照片。

弗兰克·萨洛韦（Frank Sulloway）在《天生反骨》（*Born to Rebel*）一书中提出，家庭动力学就是竞争，孩子们通过占据和捍卫小生境来争夺父母的资源。[14]在他的理论中，长子可以最先选择小生境，而后出生的孩子则需要创造并寻找自己的小生境。根据萨洛韦的理论，长子的典型特点是具有保守的人格特质，比如尽责、神经质，这意味着他们会遵守规则，采纳父母的价值观。而后出生的孩子则面临着一个困境：他们需要和比他们块头大、比他们更强壮的哥哥或姐姐争夺父母的关注和资源。从某种意义上看，长子可以扮演类似于父母的角色。由于直接争夺年长孩子已经占据的小生境非常困难，所以后出生的孩子往往会采用另一种策略：创造自己的小生境。他们不再认真尽责，不再传统保守，而是变得喜欢探索，也更有可能离经叛道。

如果家庭小生境的动态理论是正确的，那么它便提出了一个有趣的问题：如果后出生的孩子天生谨慎小心、温和顺从，会怎么样？如果小生境已经被先出生的孩子占据了，那么为了创造新的小生境，后出生的孩子便需要做出不符合自己性格的行为。他们的小生境策略要求他们长期采取自由特质，而不是自然而然地表达出天生的稳定的人格特质。因此，为了减轻不符合性格的行为所造成的代价，后出生的孩子就需要找到具有复原作用的小生境。正是因为这些与适应有关的合理理由，你弟弟才会那么强烈地阻止你占据他的秘密藏身处，所以当你质疑他是否真的是家庭的反叛者时，他才会气得想跟你干一架。

## 自我反思："我"与自我的舞蹈

至此，便到了总结本书的时候。在本书中，我们探讨了个人建构，它能够塑造人们的体验，同时会形成需要人们逃脱的牢笼。我们探讨了相对稳定的人格特质与重要的人生成果之间的关系，还探讨了为了推进对人们来说非常重要的事项，可以如何采取自由的人格特质。我们看到，能动感具有积极的影响，但前提是要留意环境的现实情况。我们警告过读者，过分热忱的生活方式对健康有害，除非带着玩乐的态度。我们探讨了情境如何影响了某些人的自我呈现，而对另外一些人则没有影响。我们讨论了创造力需要大胆的想象和无畏的投入，但也意识到了无名英雄的贡献。我们提到环境与人格如何相互交织在一起，特定的人格的人会被哪种特定的城市和地区吸引。我们思考了个人计划，尤其是核心计划的重要性，它为人们提供意义感、结构、人际交往以及情感的丰富性。我们看到这类计划会如何失去意义，变得过时，然后如何被重新赋予活力。

我还应该问一问你现在进展得如何。在阅读本书时，你有没有反思过自己的生活？你很有可能曾经反思过或者在将来某个时候会反思你的人格及人生，这类反思通常出现在人生发生重大转变的时刻。毕业、结婚、离婚、晋升、失业、退休……所有这些转变都会促使你反思当下的状况、你的目标，以及如何向着目标前进。这些转变关系到生命周期的不同阶段，在现代生活中，它们是可预期的，虽然并不总是你想要的。

其他一些促使你反思的情况则比较微妙。比如你和一位朋友安静地聊天，他问你近来过得怎么样，你有点困惑，在回答之前犹豫了很久。又比如，一位朋友去世了，在致悼词时，你不禁潸然泪下，不只是因为感到悲痛，还因为在念悼词时你一再看到了自己。再比如说，你一夜无眠，在心里咒骂着今天早上那个大发雷霆的悍妇，因为她把整个会议都搞砸了。你愤愤地想：她以为她是谁？但后来你不得不承认，那个人其实就是你。那么，你如何调和两个不同的自我呢？[15]

在这些反思中，你可能会发现，生活中的你和你本质的内在的自我扮演着多少有些不同的角色。通过个人建构来分析，本质上的你可能很封闭，害怕冒险。但你也可能做出与性格不符的行为，把熟悉的自我抛在身后。或者你发现自己所处的情境对你具有非常不利的影响，使你变得完全不像自己了。又或者你在核心计划中迷失了自己，它改变了你的自我意识，缔造出了一个全新的自我。你与你的自我之间的每一次相互作用可能都令你深受启发，但它们也会很有挑战性，所以你和你的自我之间需要一些调和。[16]

杰出的哲学家欧文·弗拉纳根（Owen Flanagan）对人格与幸福进行过深入的思考，他就自我调和的主题，为一本学术性的书籍《自我表现》（*Self Expression*）写了两页纸的后记。他把这类调和时刻比喻为“我”与我所观察的自我之间最后的舞蹈，即你与你的自我之间或我与我的自我之间的舞蹈。在这篇后记中，他用写给他的自我的一段祷文作为结尾。它就像一首诗一样，所以不妨慢慢地、大声地读出来。

> 亲爱的自我，我希望你为我保留了最后的舞蹈，虽然这也是不可避免的。不要介意舞步的笨拙，此刻我们非常了解彼此。让我们希望被发现的价值正如我们所知……这看起来既浪漫又合理。
>
> 但它应该不仅仅是迷恋，它真的很重要。它，也就是人生，真的应该意味着什么。尊敬，甚至自我指涉的尊敬应该得到认可。感到内心平和，感到舒服惬意，感到自己是正直的并且努力了，意识到我们曾经非常快乐，这将是多么美好。记住，如果有人了解你，真正记得你、了解你，尤其了解你如何跳舞，那么这个人就是我。恰，恰，恰。[17]

对于本章开篇的主题——反思生活，使事情处于良好的状态，这段论述无疑是既生动又深刻的。不要认为这是令人难过或痛苦的，事实正相反。与自我的舞蹈可以发生在任何时候，你不需要等到年老，颤颤巍巍时才去安心接受你的自我。尽管自我反思可能开始于调和，但它同样创造了让生活重新充满活力的动力。带着新的个人建构以及更深入的自我意识，在阅读本书时你可能已经在跳舞并在心里想：“那就是我，那就是我的自我。”

弗拉纳根的舞蹈是内在的你与你所展现的自我之间的舞蹈。你建构了这个自我，在一生中滋养它，有时还会和它打架。弗拉纳根的那段话既是一种和解，也是对我们如何回顾美好人生的描述，能引发我们的共鸣。所以，不妨慢慢地再把它读一遍。让我感兴趣的是，弗拉纳根把正直、努力和享受快乐并列了起来。为了让生活有意义，我们需要努力追求核心计划，而且要充满热忱。但是这样的追求需要用一点轻松和奇趣来平衡，否则它们就会出现错误。

我们可以扩展舞蹈的比喻，将自我的其他两个“顾客”也包括进来。首先，对很多人来说，自我不止一个。作为高自我监控者，现在你知道你是谁，但你的许多自我从来没有被介绍过。你能编一段“职业女性的”自我与周日早晨在床上吃凉比萨时呆头呆脑的自我之间的舞蹈吗？如果这些不同的自我不能一起跳探戈，那它们能手拉手吗？或许你最喜欢的自我是“充满勇气与荣耀”的男人，但你担心你怯懦的自我会冒出头，破坏了你精心打造的形象。但或许你能找到将男子气概与脆弱性融合起来的方法呢？

舞蹈的另一个受邀请者是在我们人生道路上具有重要作用的他人，他们影响着我们的期望，支持我们的冒险，不管我们是谁都爱着我们。因此，这本书是写给你，你的自我的，也是写给“我们”的，“我们”是你生命旅程中的旅伴，帮助你形成人格，增加你的幸福感，为你的笑话欢笑，在你最需要安慰的时候紧紧抱着你。

考虑到环保的因素，也为了节省纸张、降低图书定价，本书编辑制作了电子版的注释与参考文献。请扫描下方二维码，下载“湛庐阅读”APP，搜索“突破天性”，即可获取注释与参考文献。

# 译者后记



在阅读正文之前，封面和勒口中最吸引我的一句话是本书作者“连续三年被哈佛大学学生评选为‘最受欢迎的教授’”。这让我有些好奇，利特尔教授究竟有什么法宝能让学生们那么喜欢他。在翻译的过程中，这个疑问渐渐被解开了。

首先，这本书内容新颖，虽然人格可以说是心理学领域中最古老的主题之一，但在这本书中很少出现长期确立起来的人格心理学理论。唯一引用的旧理论可能就是大五人格理论和控制点理论，但它们在本书中占据的篇幅非常少，而且主要是为了引出新的观点。在看这本书时，你完全不会产生“我早知道了”“没什么新鲜的”“还是老一套”这类的想法。另外，这本书把人格与幸福紧密联系起来。的确，我们为什么要了解自己，了解他人，追求各种各样的目标？最终目的当然是拥有幸福的人生。

其次，这本书中的测试很丰富，几乎每章开篇都有一个测试。大多数人喜欢测试，可能是因为每个人都渴望了解自己，同时测得的一些好结果对人们来说也是快乐和激励的源泉。这些测试同样很新颖，而且比较简短，通常不会让人测着测着就烦了。而且，作者好像担心在这样快节奏的社会里，读者连完成这类测试的耐心也没有，于是提供了一些更简单易行、有趣可爱的小测试。这些测试通常涉及我们的日常行为，但让人意想不到的是，这些行为竟会透露出我们的性格。

最后，作者的文字中会埋伏着一些小诙谐。而且，作者引用的逸闻趣事也很引人入胜。不得不说，作者很擅长讲故事，难怪那么受学生们欢迎。总之，在翻译完这本书后，我脑海里出现的利特尔教授是一个风趣博学的小老头。虽然没有机会听到他的现场授课，但有机会翻译他写的书对我来说也是一大幸事，希望读者们也能有同感。最后的最后，感谢一直以来给予我支持的冯征、张璐、赵丹、徐晓娜、卫学智、张宝君、郑悠然和王彩霞。

# 未来，属于终身学习者

我这辈子遇到的聪明人（来自各行各业的聪明人）没有不每天阅读的——没有，一个都没有。巴菲特读书之多，我读书之多，可能会让你感到吃惊。孩子们都笑话我。他们觉得我是一本长了两条腿的书。

——查理·芒格

互联网改变了信息连接的方式；指数型技术在迅速颠覆着现有的商业世界；人工智能已经开始抢占人类的工作岗位……

未来，到底需要什么样的人才？

改变命运唯一的策略是你要变成终身学习者。未来世界将不再需要单一的技能型人才，而是需要具备完善的知识结构、极强逻辑思考力和高感知力的复合型人才。优秀的人往往通过阅读建立足够强大的抽象思维能力，获得异于众人的思考和整合能力。未来，将属于终身学习者！而阅读必定和终身学习形影不离。

很多人读书，追求的是干货，寻求的是立刻行之有效的解决方案。其实这是一种留在舒适区的阅读方法。在这个充满不确定性的年代，答案不会简单地出现在书里，因为生活根本就没有标准确切的答案，你也不能期望过去的经验能解决未来的问题。

而真正的阅读，应该在书中与智者同行思考，借他们的视角看到世界的多元性，提出比答案更重要的好问题，在不确定的时代中领先起跑。

## 湛庐阅读 App：与最聪明的人共同进化

有人常常把成本支出的焦点放在书价上，把读完一本书当作阅读的终结。其实不然。

---

时间是读者付出的最大阅读成本

怎么读是读者面临的最大阅读障碍

“读书破万卷”不仅仅在“万”，更重要的是在“破”！

---

现在，我们构建了全新的“湛庐阅读”App。它将成为你“破万卷”的新居所。在这里：

- 不用考虑读什么，你可以便捷找到纸书、电子书、有声书和各种声音产品；
- 你可以学会怎么读，你将发现集泛读、通读、精读于一体的阅读解决方案；
- 你会与作者、译者、专家、推荐人和阅读教练相遇，他们是优质思想的发源地；
- 你会与优秀的读者和终身学习者为伍，他们对阅读和学习有着持久的热情和源源不绝的内驱力。

下载湛庐阅读 App，
坚持亲自阅读，
有声书、电子书、阅读服务，
一站获得。

CHEERS

# 本书阅读资料包

## 给你便捷、高效、全面的阅读体验

### 本书参考资料

湛庐独家策划

- 参考文献
  为了环保、节约纸张，部分图书的参考文献以电子版方式提供
- 主题书单
  编辑精心推荐的延伸阅读书单，助你开启主题式阅读
- 图片资料
  提供部分图片的高清彩色原版大图，方便保存和分享

### 相关阅读服务

终身学习者必备

- 电子书
  便捷、高效，方便检索，易于携带，随时更新
- 有声书
  保护视力，随时随地，有温度、有情感地听本书
- 精读班
  2~4周，最懂这本书的人带你读完、读懂、读透这本好书
- 课　程
  课程权威专家给你开书单，带你快速浏览一个领域的知识概貌
- 讲　书
  30分钟，大咖给你讲本书，让你挑书不费劲

**湛庐编辑为你独家呈现**
**助你更好获得书里和书外的思想和智慧，请扫码查收！**

（阅读资料包的内容因书而异，最终以湛庐阅读App页面为准）

# 湛庐阅读App

## 思想者的
## 声音图书馆

**倡导亲自阅读**

> 不逐高效，提倡大家亲自阅读，通过独立思考领悟一本书的妙趣，把思想变为己有。

**阅读体验一站满足**

> 不只是提供纸质书、电子书、有声书，更为读者打造了满足泛读、通读、精读需求的全方位阅读服务产品——讲书、课程、精读班等。

**以阅读之名汇聪明人之力**

> 第一类是作者，他们是思想的发源地；第二类是译者、专家、推荐人和教练，他们是思想的代言人和诠释者；第三类是读者和学习者，他们对阅读和学习有着持久的热情和源源不绝的内驱力。

CHEERS

# 以一本书为核心

## 遇见书里书外，更大的世界

Me, Myself, and Us: The Science of Personality and the Art of Well-Being by Brian R. Little.



Published by arrangement with PublicAffairs, a member of Perseus Books LLC through Bardon-Chinese Media Agency.

**图书在版编目（CIP）数据**

浙江省版权局
著作权合同登记章
图字：11–2018–376号

突破天性：哈佛大学最受欢迎的人格心理学课 /（加）布赖恩·利特尔著；黄珏苹译．—杭州：浙江人民出版社，2018.9（2023.12重印）

书名原文：Me，Myself, and Us：The Science of Personality and the Art of Well-Being

ISBN 978–7–213–08871–1

Ⅰ．①突… Ⅱ．①布… ②黄… Ⅲ．①人格心理学 Ⅳ．①B848

中国版本图书馆CIP数据核字（2018）第184122号

**上架指导：心理学 / 人格**



**本书法律顾问　北京市盈科律师事务所　崔爽律师**

**突破天性：哈佛大学最受欢迎的人格心理学课**

［加］布赖恩·利特尔　著

黄珏苹　译

---

出版发行：浙江人民出版社（杭州体育场路347号　邮编　310006）

市场部电话：（0571）85061682　85176516

集团网址：浙江出版联合集团　http://www.zjcb.com

责任编辑：方　程

责任校对：陈　春

印　　刷：石家庄继文印刷有限公司

开　　本：710mm ×965mm 1/16　　印　　张：16.5

字　　数：211千字　　插　　页：1

版　　次：2018年9月第1版　　印　　次：2023年12月第6次印刷

书　　号：ISBN 978–7–213–08871–1

定　　价：72.90元

---

如发现印装质量问题，影响阅读，请与市场部联系调换。